U0395838

上海出版资金项目
Shanghai Publishing Funds

北斗导航
定位精准时空

上海科学院　上海产业技术研究院　组编
曹　冲　荆　帅　主编

上海科学普及出版社

图书在版编目(CIP)数据

北斗导航:定位精准时空/曹冲,荆帅主编.—上
海:上海科学普及出版社,2018.1(2018.10重印)
(科创之光书系.第一辑/上海科学院,上海产业技术研究院组编)
ISBN 978-7-5427-7119-3

Ⅰ.①北… Ⅱ.①曹…②荆… Ⅲ.①卫星导
航-全球定位系统-中国 Ⅳ.①P228.4

中国版本图书馆CIP数据核字(2017)第318225号

书系策划　张建德

责任编辑　林晓峰

美术编辑　赵　斌

技术编辑　葛乃文

插　　图　苗　驰

"科创之光"书系(第一辑)

北斗导航
——定位精准时空

上海科学院　上海产业技术研究院　组编
曹　冲　荆　帅　主编

上海科学普及出版社出版发行
(上海中山北路832号　邮政编码200070)

http://www.pspsh.com

各地新华书店经销　　苏州越洋印刷有限公司印刷
开本 787×1092　1/16　印张12　字数160 000
2018年1月第1版　　2018年10月第2次印刷

ISBN 978-7-5427-7119-3　定价:48.00元

本书如有缺页、错装或坏损等严重质量问题
请向出版社联系调换

《"科创之光"书系（第一辑）》编委会

序

　　"苟日新，日日新，又日新。"这一简洁隽永的古语，展现了中华民族创新思想的源泉和精髓，揭示了中华民族不断追求创新的精神内涵，历久弥新。

　　站在 21 世纪新起点上的上海，肩负着深化改革、攻坚克难、不断推进社会主义现代化国际大都市建设的历史重任，承担着"加快向具有全球影响力的科技创新中心进军"的艰巨任务，比任何时候都需要创新尤其是科技创新的支撑。上海"十三五"规划纲要提出，到 2020 年，基本形成符合创新规律的制度环境，基本形成科技创新中心的支撑体系，基本形成"大众创业、万众创新"的发展格局。从而让"海纳百川、追求卓越、开明睿智、大气谦和"的城市精神得到全面弘扬；让尊重知识、崇尚科学、勇于创新的社会风尚进一步发扬光大。

　　2016 年 5 月 30 日，习近平总书记在"科技三会"上的讲话指出："科技创新、科学普及是实现创新发展的两翼，要把科学普及放在与科技创新同等重要的位置。没有全民科学素质普遍提高，就难以建立起宏大的高素质创新大军，难以实现科技成果快速转化。"习近平总书记的重要讲话精神对于推动我国科学普及事业的发展，意义十分重大。培养大众的创新意识，让科技创新的理念根植人心，普遍提高公众的科学素养，特别是培养和提高青少年科学素养，尤为重要。当前，科学技术发展日新月异，业已渗透到经济社会发展的各个领域，成为引领经济社会发展的强大引擎。同时，它又与人们的生活息息相关，极大地影响和改变着我们的生活和工作方式，体现出强烈的时代性特征。传播普及科学思想和最新科技成果是我们每一个科技人义不容辞的责任。《"科创之光"书系》的创意由此而萌发。

《"科创之光"书系》由上海科学院、上海产业技术研究院组织相关领域的专家学者组成作者队伍编写而成。本书系选取具有中国乃至国际最新和热点的科技项目与最新研究成果，以国际科技发展的视野，阐述相关技术、学科或项目的历史起源、发展现状和未来展望。书系注重科技前瞻性，文字内容突出科普性，以图文并茂的形式将深奥的最新科技创新成果浅显易懂地介绍给广大读者特别是青少年，引导和培养他们爱科学和探索科技新知识的兴趣，彰显科技创新给人类带来的福祉，为所有愿意探究、立志创新的读者提供有益的帮助。

愿"科创之光"照亮每一个热爱科学的人，砥砺他们奋勇攀登科学的高峰！

上海科学院院长、上海产业技术研究院院长

钮晓鸣

前　言

　　北斗卫星导航系统（简称北斗系统，英文缩写为 BDS）作为我国自主设计和建设的重要空间信息基础设施，是国家经济安全、国防安全、国土安全和公共安全的重大技术支撑系统和战略威慑基础资源，也是建设和谐社会、服务人民大众、提高人们生活质量的重要工具。由于其广泛的产业关联度和与通信产业的融合度，能有效地渗透到国民经济诸多领域和人们的日常生活中，成为高技术、高成长产业的助推器，成为继移动通信和互联网之后的全球第三个发展得最快的电子信息产业的经济新增长点。

　　北斗卫星导航系统和其他全球卫星导航系统（GNSS 系统）的发展趋势显示，GNSS 行业当前正经历前所未有的转变：

　　（1）从以卫星导航为应用主体转变为 PNT(定位、导航、授时)与移动通信和互联网等信息载体融合的新时期，将开创信息融合化和产业一体化，以及智能化应用的新阶段。

　　（2）从提供终端应用产品为主逐步转变为以运营服务为主的新局面，开创应用大众化和服务产业化，以及智能信息服务的新阶段。

　　（3）从以传统的单纯依赖 GNSS 的室外导航定位为主，转变为以高精度定位、导航、授时为基础的新时空服务体系，这将开启以卫星导航为基石的多手段融合、天地一体化、服务泛在化智能化的位置信息智能服务新阶段。

本书首先介绍了导航术的发展历程和卫星导航的基本原理，其次对北斗卫星导航系统的发展状况进行了说明，然后围绕应用领域分别从 LBS（基于位置的服务）及消费娱乐应用、目标跟踪与人员监控、环境监控与公共安全、测绘应用、农业应用、军事应用、地面交通应用、民用航空应用八个方面介绍了 GNSS 的应用和前景，最后系统总结了北斗卫星导航系统的建设和发展对我国经济社会发展所具有的战略意义及价值，并为后续推广北斗应用给出一些建议。

由于 GPS 发展在先，许多导航和定位相关应用具有"先入为主"的优势，所以本书在介绍和阐述一些概念、原理和应用案例时没有详细区分 GPS 和北斗，而是以 GNSS 代指。请读者留意！

本书在编著过程中获得了若干北斗产业应用相关人士的支持和帮助，他们的观点成为本书核心思想的依托。在此向他们表示感谢，同时更加感谢他们为我国北斗卫星导航系统的建设、正常运行和壮大完善所作出的卓越贡献。

作为一个新兴的、蓬勃向上的产业方向，北斗的应用与技术演进日新月异，新概念、新体系、新框架、新设计、新产品、新路线、新策略、新态势不断涌现，这给我们全面把握北斗产业发展趋势和侧重点带来一定的困难，所以编写过程中难免会出现一些纰漏，还望读者不吝赐教，悉心指正。对此我们先行表示感谢！

编　者

2017 年 6 月

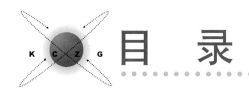

目　录

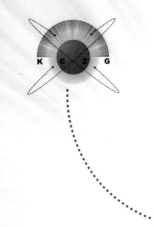

卫星导航概述

"风浪永远站在最出色的领航员一边。"

——爱德华·吉本（英国历史学家）

　　一句话就道出了导航的重要性，那么导航究竟在人类社会生活中扮演什么样的角色呢？导航又是如何助推人类文明进程，并在此过程中实现自身的技术变革的呢？

导航到底是什么

　　导航术最早是指找到安全穿过整个大洋的方法的技术。早期的船只很少离开海岸线，所以当时的导航术非常简单，因而人类可以去的地方受到了极大的限制，也使船舶容易被直接吹向海岸，或者因为强风而撞到暗礁。对于一个帆船（无蒸汽机）的船长来说，没有什么比直接被强风吹向附近的海岸更可怕了。

"导航（Navigation）"一词最早来源于航海领域

在卫星、无线电和雷达出现之前，海上的船只可以通过在航海图上标注作业跟踪其位置来进行导航，这也被称作"航位推算法（Dead Reaconing，DR）"——通过船只的移动速度和其移动方向推算出船只的位置。但是，在海上，经过几个星期的积累，在速度和方向上的最微小的误差都可以累积为重大偏差。如果一个人在太平洋中间，缺乏淡水，并且1 000 km范围之内只有一个小岛能够提供淡水，那么一个航位推算的错误很容易导致一个非常不幸的结局。

船长也可以通过天空来帮助导航。如果是晴天，船长根据目测加上拥有的仪器测量可确定太阳到达天顶的精确时刻。如果他同时也有一个精确时钟并且设置了正确的时间，那么他就可以利用这些信息来确定他所处的精确经度（从通过英国格林尼治的本初子午线向东或向西到他所在位置的距离）。当然，这需要良好的天气、准确的时钟以及在令人心惊肉跳的摇摆的船上准确地确定正午时间的能力。在晴朗的夜晚，船长经常可以利用特定星星的起落来获取相似的信息。

后来，无线电、雷达和卫星的发明，使整个过程变得更容易、更安全。当然，即使今天，船长们仍旧要注意不让自己的轮船搁浅或撞上桥墩。想象一下，古代人需要怎样高超的技巧才能使船只航行在正确的航线上。

如果以严格定义来说明，导航是引导某一载体，从指定路线的一点运动到另一点的方法。通常载体是指船舶、飞机、车辆、空间飞行体，或者行人等。根据导航设备所用的传感器类型，导航可分为两类：

（1）自主式导航：该类型利用内置的独立传感器，就能确定导航载体自身所处的相对位置和行驶方向，其典型的传感器类型有地磁测向、雷达探测和惯性导航系统等。

（2）它助式导航：该类型是利用接收外来信号，来确定方向、距离和位置，其典型的传感器类型有地面无线电导航系统、卫星导航系统等。

人类导航历史

人类最初的导航

一提到导航，很多人一定会联想到跟高科技有关的追踪定位。在很多谍战电影里，GPS 导航也经常用来对人员、车辆等进行实时追踪和定位。实际上，导航离我们每个人的日常生活都非常近。

话说在距今约 70 万年前的北京周口店，一天北京人石头和他的弟弟小牛两人打猎，走出很远，才见到一只兔子，紧追慢赶，越过树林，奔向草地，但兔子却在草丛中消失了。然而天无绝人之路，偏巧在这时候石头和弟弟小牛发现了一只离群独行的山羊，兄弟俩前堵后追齐心协力地把山羊给逮住了，兄弟俩终于美美地享用了一顿丰盛的羊肉大餐。等填饱了肚子，太阳也就快要落山了，兄弟俩这才扛着吃剩下的羊肉准备回家。此时，兄弟两需要解决三个问题，一是他们现在是在什么地方，二是他们的家在什么地方，三是从他们现在的位置回到家的路怎么走。这实际上就是一个关于定位和导航的问题，定位即是确定他们现在所处的位置和家所在的位置，导航即是他们走哪条道路从现在的位置回到家。他们记得在来的路上经过了一片树林，于是他们径直朝远处的树林走去，在树林中又循着在树上用石斧砍出的新痕寻觅归路，沿途又将来时留在树林小径上的几块石片捡起来，以作后用。穿过树林后便见到了龙骨山，直奔山头方向，一路行来，最终回到了山顶洞。回到家时天已快黑，这时妈妈已经站在洞口眺望，盼着石头和小牛兄弟俩的归来。

这个故事虽然简单，但包含了完整的导航基本概念，即要确定出发点和目的地，及用于指路的沿途的地物地标（参考点），用科学语言表达则是：

原始人的导航方式简单而落后

定位＋制导（指路）＝导航，这是一个简明表达式。

定位的现代概念是确定目标的位置（经度、纬度和高度），制导是寻求从出发点位置至目的地位置的最佳途径。两者加起来，便成为导航。

小贴士

人类自带的导航功能

就像我们手机和汽车里的GPS一样，我们的大脑也会通过整合多种与位置和时间流逝有关的信号来估算我们现在在哪里、又将要往哪里去。大脑通常用最小的努力来完成这些计算，所以我们几乎意识不到计算的存在。只有当我们迷路了，或者当我们的导航技能因为受伤或是神经退行性疾病而有了损伤，我们才会察觉到。这种绘制地图然后导航的系统对于我们的生存来说非常重要。分辨出我们在哪里以及我们需要去哪里的能力对于生存来说是至关重要的。没有这种能力的话，我们——与

所有其他的动物一样——将无法找到食物，也无法繁衍后代。个体，以及整个种族，都将灭绝。上面讲到的北京人石头和小牛兄弟回家的例子实际上就是人类自带导航功能发生作用的例子。人类经过几十万年的繁衍生息，这种与生俱来的导航功能变得更加复杂和先进。我们在日常生活中每天都在使用着我们自身具有的导航功能。可以说，人类自带的导航功能是最原始的也是最先进的导航！

天体导航时代

随着人类活动范围的逐渐扩大，尤其是人类活动范围延伸到海上，仅仅凭人类自身的导航功能已经不能满足人们的需要。比如行驶在茫茫大海中的船只，四周都是无边无际的海面，没有可以用做参考的地物地标，分不清东南西北，人们往往迷失方向。人们需要寻找一种更加可靠的导航方式，于是便有了天体导航。中国古籍中有许多关于将天体导航应用于航海活动的记载。《淮南子·齐俗训》中有记载："夫乘舟而惑者，不知东西，见斗极则寤矣。"是讲在大海中航行不知道东南西北，那么可以观看北极星就可以啦。晋代葛洪在《抱朴子》中言："夫群迷乎云梦者，必须指南以知道；并乎沧海者，必仰辰极以得反。"是讲在云梦（古地名，在今湖北孝感一带）中迷失了方向，必须依靠指南车来指路；而在大海中迷失了方向，则必须观看北极星来辨明航向。西晋高僧法显从印度搭船回国的时候，当时在海上见大海无边无际，不知东西，只有观看太阳、月亮和星辰而进。可见，古人早已开始利用太阳、月亮和北极星等星辰的方位来进行导航了。实际上，一直到北宋以前，航海中一直还是以"夜间看星星，白天看太阳"来进行导航。只是到了北宋才又加上一条"在阴天看指南针"。大约到了元明时期，我国天文航海技术有了很大的发展，已经能通过观测星星的高度来确定地理纬度，这便是历史上著名的"牵星术"。

小贴士

牵星术的工具叫牵星板，用优质的乌木制成。一共12块正方形木板，最大的一块每边长约24 cm，以下每块递减2 cm，最小的一块每边长约2 cm。另有用象牙制成一小方块，四角缺刻，缺刻四边的长度分别是上面所举最小一块边长的1/4、1/2、3/4和1/8。比如用牵星板观测北极星，左手拿木板一端的中心，手臂伸直，眼看天空，木板的上边缘是北极星，下边缘是水平线，这样就可以测出所在地的北极星距水平的高度。高度高低不同可以用12块木板和象牙块四缺刻替换调整使用。求得北极星高度后，就可以计算出所在地的地理纬度。我国历史上有名的郑和七下西洋，创造了世界航海史上的奇迹，完成了极其艰难复杂而又史无前例的航行，郑和的船队导航便使用了"过洋牵星"（即牵星术）的航海技术，代表了15世纪初天文导航的世界水平。

"牵星术"所用的"牵星板"外观

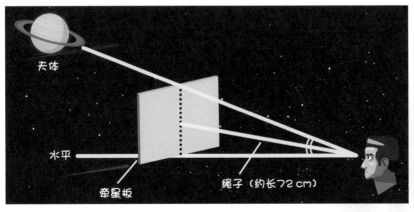

"牵星术"原理示意图

罗盘导航

罗盘在人类导航史中占有举足轻重的地位。最简单的罗盘就是使用一根天然或人工的磁针指向"北磁极",虽然北磁极并不是真的在"正北方",但其间的误差很小,足够用来探索世界。最早的罗盘是于 12 世纪在中国发明的。罗盘使航海家能够在海上精确地保持航向,这在罗盘出现以前的阴雨天和夜晚是不可能做到的。罗盘在陆地上也很有用处,例如穿越无边的沙漠,或是在风雪和丛林地区中探险。现代的旅行者仍然会携带罗盘,但这个小东西现在已经有些过时了,特别是当全球卫星导航系统得到广泛应用之后,导航卫星不但能确定你的位置,还能向你提供前往目的地的最近的路线,这是最精确的罗盘都无法做到的。

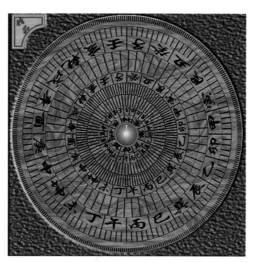

中国古代的罗盘

无线电导航时代

天体导航虽然适用范围很广,也不受地理、空间和时间的限制,但其导航定位的误差很大,会受到气象条件(阴天、雨天)等因素的影响。当时间进入 20 世纪,人们发明了另一种有效的导航方式——无线电导航。19 世纪末期,美籍塞尔维亚裔科学家尼古拉·特斯拉发明了无线电。

自无线电问世以来,人们的想象力被它激活,变革的大门被它打开，无线电成为传达各种信息的渠道。无线电的第一个应用领域是通信，第二个应用领域即为导航。1912 年人们开始研制世界上第一个无线电导航设备，即振幅式测向仪，称无线电罗盘（Radio compass），工作频率为 0.1～1.75 MHz。其后的几十年时间里，无线电导航技术得到了迅速的发展，发生了翻天覆地的变化。人们发明了多种无线电导航系统，比如伏尔导航系统、塔康导航系统、罗兰 C 导航系统、奥米加导航系统、多普勒导航系统以及后面将要介绍到的卫星导航系统。据估计，迄今为止已经有超过 100 个无线电导航系统投入使用，而且已由陆基发展到星基，由单一功能发展到多功能，作用距离也由近及远并发展至全球，定位精度则由粗到精，甚至高达毫米量级，应用领域则由军事领域步入国民经济以及国计民生诸领域。

这么多种类的无线电导航系统，但其导航方法却主要集中在三角测量法、双曲线法和多普勒频移法三类。这三种方法均是通过无线电波的接收、发射和处理，测量无线电导航台发射信号（无线电电磁波）的时间、相位、幅度、频率参量，确定运动载体相对于导航台的方位、距离、速度和距离差等几何参量，从而确定运动载体与导航台之间的相对位置关系，据此实现对运动载体的定位和导航。

雷达导航定位

雷达是一种运用电磁波从远处定位轮船或飞机等物体的目标侦测系统。"雷达"（RADAR）一词产生于 1941 年，是"无线电侦测和定距"的英文缩写。在 1904 年，克里斯蒂安·胡斯梅尔完成了利用无线电波在浓雾中发现船舶的试验，随后他继续改进这项技术，使其能够确定目标的距离。1917 年 8 月，发明家尼古拉·特斯拉设计了第一个原始的雷达单元，使用者能够"确定移动目标，例如海上船舶的相对位置或轨迹以及相对距离或速度。"

第二次世界大战前夕，所有工业化强国都在大力研究雷达技术。在战争爆发时英国是进展最快的一家，英国人的雷达系统

雷达能通过无线电测距确定目标位置

在入侵的敌机远未到达防御力量薄弱的英国城市上空时就能发现对方。在战争期间，英国对这个系统高度保密，宣称他们是采用"人肉情报网"的方法来成功拦截德军空袭的。到战争结束时，所有发达国家都在雷达技术方面取得大幅度进步，并在 20 世纪中叶逐步推广到民用领域，特别是空中交通管制部门。目前除了某些先进的隐形飞机，其他飞行器几乎不可能在不被雷达发现的情况下进入主要强国的领空了。

卫星导航时代

前面讲到的天体导航是利用自然存在的月亮、太阳、星星等天体的位置推知我们的位置。但由于这些天体离我们非常遥远，能够用于导航的天体数量有限，我们无法准确知道这些天体的实时位置且无法计算出这些天体离我们的实时距离，另外，由于受到白天黑夜和天气等因素的影响，我们不是在所有时间都能观测到这些天体。以上这些原因导致了天体导航的精度很低且不能全天候导航。所以当人类发明无线电后，人们想到了在地面上人工建造类似于天体的设施，人们利用这些设施所发射出的无线电信号计算出自己的位置。所以，在短短的半个世纪里，无线电导航得到了快速的发展。但是无线电导航也有它的局限性。比如，由于无线电导航基础设施建造在地面上，在战争状态下，这些基础设施很容易遭到敌方的破坏。由于受到无线电信号传输等的限制，无线电导航所能覆盖的范围非常有限。

当 1957 年 10 月 4 日苏联发射了人类历史上第一颗人造地球卫星 Sputnik 后不久，在美国有两位年轻的科学家，一位叫比尔·盖伊，一位叫乔治·威芬巴赫，他们接收 Sputnik 卫星信号以研究卫星轨道，意外地发现了卫星发出的信号频率发生偏移，进而发现卫星相对观测者的运动速度变化会引起不同频率偏移，称作为多普勒频移。于是，科技人员得到启发：通过测量卫星信号频移量的大小可以推算出卫星的运动速度，进而计算出卫星与观测者之间的距离以及卫星飞行轨道。根据此理论基础人们开发出了第一代卫星导航系统——"子午仪"（TRINSIT）。

有人意识到可以将在地面上的无线电导航设备搬到卫星上，由卫星发出无线电导航信号，完成导航功能。所以，卫星导航系统从大的分类上也属于无线电导航系统。这样，卫星导航的时代就开启了。

卫星导航的作用

卫星导航的应用是建设卫星导航系统的根本出发点，也是其最终的归宿。通常卫星导航的应用市场可以分为三大方面：专业市场、大众市场和安防市场。全球卫星导航系统（GNSS）从应用的角度可分成以下十类：航空、航海、通信与导航的融合、人员跟踪、消费娱乐、测绘、授时、车辆监控管理、汽车导航与信息服务、军事。

（1）航空——全球导航卫星系统（GNSS）及其星基增强系

统（SBAS）和地基增强系统（LAAS）的组合将逐步代替原先的微波着陆系统/仪表着陆系统等。

（2）航海——卫星导航接收机广泛地用于海上行驶的各类船只，差分 GNSS（DGNSS）则广泛地用于沿岸与进港，以及内河行驶的船只，精度可达到 2～3 m。在卫星导航接收机与无线通信手段集成后，该系统便成为一个位置报告系统和紧急救援系统。许多渔船将 GNSS 与雷达和鱼探器结合在一起，产生明显的经济效益。

（3）通信与导航的融合——卫星导航接收机与无线电通信机的结合是自然发生的，这种融合产生的意义是非常深远的。实际上，这是移动计算机、蜂窝电话和 GNSS 接收机的系统集成和完美整合。

（4）人员跟踪——个人跟踪的应用需求与 E911 这类导航手机或称定位手机思路相似，但其产品类型和主要功能定位则与它们大相径庭。首先要求其体积和功耗要小，便于隐藏或佩带，如手表之类。其应用功能可以由中心加以激活或启动，以利于获取佩带者所在位置。

（5）消费娱乐——徒步旅行者、猎人、越野滑雪者、野外工作人员和户外活动者常应用便携式 GNSS 定位器，配上电子地图，可以在草原、大漠、乡间、山野或无人区内找到自己的目的地。

（6）测绘——GNSS 可用于绘图、地藉测量、地球板块测量、火山活动监测、地理信息系统（GIS）领域、大桥监测、水坝监测、滑坡监测、大型建筑物监测等。这种测量技术的实时动态化（RTK）可以用于海洋河道公路测量，以及矿山、大型工程建设工地等作为自动化管理和机械控制。

（7）授时——GNSS 设备还用于作为时间同步装置，特别是作为交易处理定时（如在 ATM 机中）和通信网络中应用。

（8）车辆监控管理——主要由监控中心、车载 GNSS 终端与提供通信传输的无线（包括蜂窝移动通信系统）和有线网络组成，为车辆提供监控调度、信息服务、安防救援、行车历史记录、车辆/司乘人员统一信息管理等服务。

北斗卫星导航系统为汽车指路

（9）汽车导航与信息服务——北斗卫星导航系统结合通信、移动互联、智能语音等新一代信息技术（IT），极大增强了汽车服务、汽车管理、汽车安全等功能，使汽车已不再只是传统的承载工具，而将成为一种全新的生活方式和消费平台。

（10）军事——导航卫星系统的建设，最初主要应用于军事领域，20 世纪 70 年代后期，随着第二代卫星导航系统 GPS 部署实施，以及实时动态定位导航体制的确立，导航卫星系统在军事领域的应用范围拓宽，已成为高技术战争不可或缺的空间支援力量。利用导航卫星系统提高精确制导武器的命中概率，效果十分明显。

卫星导航基本原理

卫星导航系统是以测绘学中的相关理论作为其定位和导航的理论基础。同时，在 GNSS 发展的最初 20 年，测绘应用也是

GNSS 应用最为广泛的民用领域。

卫星导航系统能为用户提供定位和导航服务，最重要的是采用"到达时间差（TDOA）"的概念：利用每一颗 GPS 卫星的精确位置和连续发送的星上原子钟生成的导航信息获得从卫星至接收机的到达时间差。

GNSS 卫星在空中连续发送带有时间和位置信息的无线电信号，供 GNSS 接收机接收。由于传输的距离因素，接收机接收到信号的时刻要比卫星发送信号的时刻延迟，通常称之为时延，因此，可以通过测量时延来确定卫星和接收机之间的距离。卫星信号被接收机接收，接收机模仿卫星的伪随机码，与本机产生的伪随机码比对，一旦两个码实现时间同步，接收机便能测定时延；将时延乘上光速，便能得到距离。图中显示了 GPS 系统的时延原理。

每颗 GNSS 卫星上的计算机和导航信息发生器非常精确地了解其轨道位置和系统时间，而全球监测站网保持连续跟踪卫星的轨道位置和系统时间。位于科罗拉多州施里弗（Schriever）空军

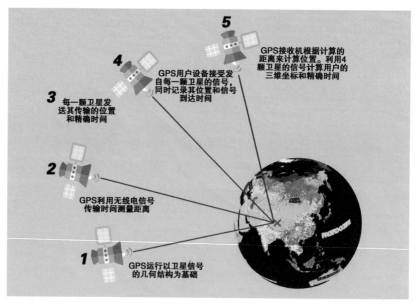

5 GPS接收机根据计算的距离来计算位置。利用4颗卫星的信号计算用户的三维坐标和精确时间

4 GPS用户设备接受发自每一颗卫星的信号，同时记录其位置和信号到达时间

3 每一颗卫星发送其传输的位置和精确时间

2 GPS利用无线电信号传输时间测量距离

1 GPS运行以卫星信号的几何结构为基础

电子标识编号：CA330000000606704690008　　　国家测绘地理信息局　监制

GPS 系统的到达时间差测距原理

基地内的主控站与其运控站至少每天一次对每颗 GPS 卫星注入校正数据。注入数据包括：星座中每颗卫星的轨道位置测定和星上时钟的校正。这些校正数据是在复杂模型的基础上算出的，可在几个星期内保持有效。

GPS 系统时间是由每颗卫星上原子钟的铯或铷原子频标保持的，这些星钟可精确到世界协调时（UTC）的几纳秒以内。UTC 是由海军观象台的"主钟"保持的，每台卫星原子钟的稳定性为 10^{-13} s 左右。GPS 卫星早期采用两部铯频标和两部铷频标，后来逐步改变为更多地采用铷频标。通常，在任意指定时间内，每颗卫星上只有一台频标在工作。

卫星导航原理：卫星至用户间的距离测量是基于测量卫星信号的发射时间与到达用户接收机的时间之差再乘以光速得到距离，因得到的距离不是真实的测量距离，故称为"伪距"。为了计算用户的三维位置和接收机时钟偏差，伪距测量要求至少接收来自 4 颗卫星的信号。卫星导航原理如图所示。

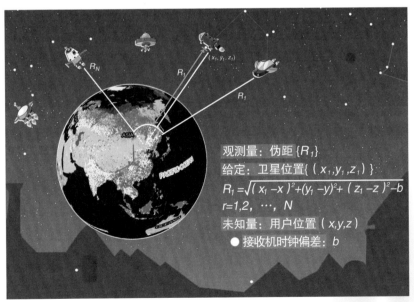

观测量：伪距 $\{R_1\}$

给定：卫星位置 $\{(x_1, y_1, z_1)\}$

$R_1 = \sqrt{(x_1-x)^2 + (y_1-y)^2 + (z_1-z)^2} - b$

$r = 1, 2, \cdots, N$

未知量：用户位置 (x, y, z)

● 接收机时钟偏差：b

电子标识编号：CA330000000606704690008 　　　　国家测绘地理信息局　监制

卫星导航原理

空间交汇原理

卫星导航定位得以实现的最基本原理是空间交汇原理。想象在茫茫大海中行驶的船只想要知道自己的位置、判断自己的航向，就需要观察屹立于海岸边的灯塔。通过观察灯塔的方向，可以知道船只自身的位置，通过灯塔灯光的明暗程度可以粗略估计自己距离灯塔的距离。

怎样确定卫星的位置

在 GNSS 的定位过程中，确定卫星在空间的位置是至关重要的，尤其是用户机测量信号从卫星发射的那个时刻的卫星位置，这需要从卫星广播的导航电文中读取出卫星轨道星历，计算卫星当时在轨道上的实际位置。

通常，导航电文是由地面主控站定时通过上行天线注入卫星，

航海船只利用灯塔灯光明暗判断距离海岸的距离

然后加以广播的。每个卫星除了广播自己的星历外，还在导航电文中广播星座中所有卫星的简单星历，后者称为历书。历书用来估算卫星的近似分布，其参数的精度要求不像星历参数那样精确。

怎样计算卫星到我们的距离

从数学上看，这个问题似乎很简单，不就是速度乘上运动时间等于距离吗？但在测量空间高速运动的卫星与地面运动的用户接收机之间的距离是很困难的。测量卫星到地面接收站的距离，最常使用的是无线电波，波速就是光速，时间就是测量电波信号从卫星至接收机所用的传播时间。这里首先要保证的是卫星和接收机在时间上同步，其次要用精确的时钟去计量传播时间。在时间同步的条件下，接收机收到信号的时刻减去卫星发射信号的时刻之差，便为电波信号的传播时间。

假定有一种办法，让卫星和接收机同时开始播放音乐，站在接收机旁的人可能会收听到 2 种不同版本的音乐，一个来自接收机，一个来自卫星。不难发现，这两种版本不同步，卫星版本会滞后，因为卫星播放的音乐要跨越几万余千米。如果能知道卫星版本延迟多长时间，我们便可以推迟启动接收机的播放，这样 2 个版本的音乐就能同时收到了。如果把音乐改为"伪随机码"信号，卫星和接收机同时产生并发送同样的伪随机码，并使这两组码实现时间同步，接收机便能根据两组伪码的差别测定时延，将时延乘上光速，便能得到距离。

全球都有哪些卫星导航系统

全球卫星导航系统（GNSS）包括美国的 GPS、中国的北斗、欧盟的 Galileo 和俄罗斯的 GLONASS，区域卫星导航系统包括日本的 QZSS 和印度的 IRNSS。

GPS 系统

GPS 是英文 Global Positioning System（全球定位系统）的简称。GPS 起始于 1958 年美国军方的一个子午仪导航工程项目，1964 年投入使用。20 世纪 70 年代，美国陆海空三军联合研制了新一代卫星定位系统 GPS，主要目的是为陆海空三军提供实时、全天候和全球性的导航服务，并用于情报搜集、核爆监测和应急通信等一些军事目的。经过 20 余年的研究实验，耗资 300 亿美元，到 1994 年，全球覆盖率高达 98% 的 24 颗 GPS 卫星星座已布设完成。

从 1995 年 4 月 27 日 GPS 宣布投入完全工作状态以后，翌年便启动 GPS 现代化计划，对系统进行全面的升级和更新。GPS 现代化的提法是 1999 年 1 月 25 日美国副总统戈尔以文告形式发表的，他宣布将投资 4 亿美元启动 GPS 现代化，增强对全球民用、商业和科研用户提供的服务。

为了能使 GPS 更好地满足军事、民间和商业用户不断增长的应用需求，美国决定用先进技术改进和完善 GPS 系统。其现代化计划主要包括以下内容：

（1）增加新的 GPS 信号。2005～2008 年发射 8 颗改进的导航卫星，在卫星上播发新的军码和第二民码，同时在 2006～2010 年发射的导航星上增设第三民码。

（2）研发新一代军用 GPS 接收机，提高 GPS 的抗干扰能力。

（3）增强或者局部阻断 GPS 信号，以防止 GPS 信号战时受干扰或被他国利用。

（4）改善地面设备。更新 GPS 地面测控设备，增加地面测控站的数量；用新的数字接收机和计算机来更新专用的 GPS 监测站和有关的地面天线；采用新的算法和软件，提高测控系统的数据处理与传输能力等。

（5）实施 GPS Ⅲ 计划。早在 2004 年，美国国防部开始研究 GPS Ⅲ 的采购和总体架构概念，以便验证系统要求。GPS Ⅲ 全部卫

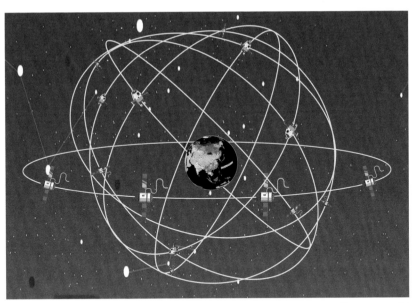

电子标识编号：CA330000000606704690008　　　国家测绘地理信息局　监制

北斗系统卫星星座轨道示意图

星在轨运行将在 2015～2020 年实现（原计划如此，现在进度已经大大滞后，2018 年才能发射第一颗 GPS Ⅲ 卫星）。与现有 GPS 相比，GPS Ⅲ 的信号发射功率将提高 100 倍，信号抗干扰能力提高 1 000 倍以上，授时精度将达到 1 ns，定位精度提高到 0.2～0.5 m，这样可以使得 GPS 的用户定位精度有望达到设计所要求的 1 m。

北斗系统

中国北斗卫星导航系统（BeiDou Navigation Satellite System，BDS）是中国自行研制的全球卫星导航系统，是继美国全球定位系统（GPS）、俄罗斯格洛纳斯卫星导航系统（GLONASS）之后第三个业已正式投入区域服务的卫星导航系统。北斗卫星导航系统（BDS）、美国 GPS、俄罗斯 GLONASS、欧盟 GALILEO 是联合国外空司（UNOOSA）全球卫星导航系统国际委员会（ICG）已认定的四大核心卫星导航服务供应商。

北斗系统的演进和发展

北斗卫星导航系统由空间段、地面段和用户段三部分组成，可在全球范围内全天候、全天时为各类用户提供高精度、高可靠定位、导航、授时服务，并具备短报文通信能力。根据北斗卫星导航系统三步走的发展规划，目前已经具备区域定位、导航、授时服务能力，定位精度优于 10 m，测速精度优于 0.2 m/s，授时精度优于 50 ns（有源双向为 10 ns）。2012 年 12 月 27 日，北斗系统空间信号接口控制文件（ICD）正式版 1.0 正式公布，北斗导航业务正式对亚太地区提供无源定位、导航、授时（PNT）服务。2013 年 12 月 27 日，北斗卫星导航系统正式提供区域服务一周年新闻发布会在国务院新闻办公室新闻发布厅召开，正式发布了《北斗系统公开服务性能规范（1.0 版）》和《北斗系统空间信号接口控制文件（2.0 版）》两个系统文件。2014 年 11 月 23 日，国际海事组织海上安全委员会审议通过了对北斗卫星导航系统认可的航行安全通函，这标志着北斗卫星导航系统正式成为全球无线电导航系统的组成部分，取得面向海事应用的国际合法地位。中国北斗卫星导航系统预计于 2018 年率先覆盖"一带一路"国家。2020 年建成北斗三号全球卫星导航系统（BDS III），服务范围覆盖全球。

Galileo 系统

伽利略定位系统（Galileo Positioning System），是欧盟一个正在建造中的卫星导航系统，有"欧洲版 GPS"之称，也是继美国现有的"全球定位系统"（GPS）、俄罗斯的格洛纳斯（GLONASS）系统和中国的北斗卫星导航系统（BDS）外，第四个在建的全球卫星导航系统。伽利略系统的基本服务有导航、定位、授时；商用服务；公共特许服务和搜索救援服务。目前主要开展的应用服务系统有在飞机导航和着陆系统中的应用、铁路安全运行调度、海上运输系统、陆地车队运输调度、精准农业。截至 2016 年 12 月，已经发射了 18 颗工作卫星，具备了早期操作能力（EOC），并计划在 2019 年具备完全操作能力（FOC）。全部 30 颗卫星（调整为 24 颗工作卫星，6 颗备份卫星）计划于 2020 年发射完毕。

GLONASS 系统

格洛纳斯（GLONASS）是全球导航卫星系统（Global Navigation Satellite System）的缩写。作用类似于美国的 GPS、欧洲的伽利略卫星定位系统。最早开发于苏联时期，后由俄罗斯继续该计划。苏联的第一颗格洛纳斯卫星是在 1982 年 10 月 12 日发射升空的。到 1996 年格洛纳斯星座达到额定工作的 24 颗卫星，宣布正式投入完全服务。由于苏联的解体和俄罗斯的经济困难，格洛纳斯星座的卫星数量至 2002 年最低降到 7 颗。从 2003 年开始，格洛纳斯系统又进入复苏阶段。所以到 2011 年 12 月 8 日，格洛纳斯星座又恢复到 24 颗卫星的完全工作状态，并保持正常的全球服务。该系统主要服务内容包括确定陆地、海上及空中目标的坐标及运动速度信息等。

QZSS 系统

准天顶卫星导航系统（QZSS）包括多颗轨道周期相同的倾斜地球同步轨道卫星。这些卫星分布在多个轨道面上，无论何时，总有一颗卫星能够完整覆盖整个日本。通过开发这个系统，

日本期望能加强卫星定位技术，并利用改进的星基定位、导航、授时技术，营造安全的社会环境。准天顶卫星系统项目的第一阶段使用"指路"号（MICHIBIKI）进行技术验证，用于提高 GPS 性能及其应用。结果评估完毕之后，项目进入第二阶段，将使用 3 颗准天顶卫星验证整个系统的能力。准天顶系统将在 2018 年 3 月完成在轨测试。

IRNSS 系统

印度空间研究组织（ISRO）将筹划研发本国卫星导航系统——印度区域导航卫星系统（IRNSS），这将为印度提供独立于现有系统（如 GPS）的卫星导航能力。该系统由 7 颗卫星（很可能进入静地轨道和 / 或椭圆轨道）和地面站组成，太空段、地面段及用户接收器由印度制造，整个 IRNSS 系统也将由印度控制。

ISRO 表示，预计建造和发射 IRNSS 卫星的总成本为 160 亿卢比（3.5 亿美元）。此前印度曾计划参与俄罗斯、欧洲卫星导航系统合作，同时研发地面系统以便在航空方面利用这些导航系统。印度在 IRNSS 计划中将面临极大的技术难题，包括卫星，原子时标准，地面站建设，主控站建设，关键、安全、验证子系统建设等。2016 年该系统的布设部署业已完成，但是有 3 个卫星原子钟出现问题，有个替代卫星在 2017 年 8 月发射升空，还有替代卫星将在 2018 年发射。

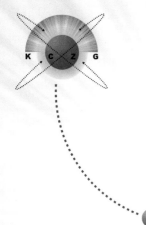

北斗导航系统

作为我国独立设计、独立建设并独立维护运行的全球卫星导航系统，北斗卫星导航系统拥有位置服务重大基础设施的战略地位，同时也凝聚了无数业内专家、学者的心血和智慧。北斗系统经历了不同于其他 GNSS 的发展历程，也客观上成就了北斗在空间星座布局、时间与坐标框架、定位模式等方面的独有特色。

我国的卫星导航之路

中国为北斗卫星导航系统制定了"三步走"发展规划：从 1994 年开始发展的试验系统（北斗一号系统）为第一步，2004 年开始发展区域卫星导航系统（北斗二号系统），即第二步。至 2012 年底，此战略的前两步已经完成，实现了为中国和亚太地区的服务。根据计划，第三步将发展北斗全球卫星导航系统（北斗三号系统），并将在 2018 年完成 18 颗卫星的部署，实现服务一带一路地区，至 2020 年完成全部 30 颗卫星星座的部署，届时将实现全球范围的服务功能。

早期研究

20 世纪 70 年代，中国开始研究卫星导航系统的技术和方案，但由于经费和技术等原因，不久之后这项名为"灯塔"的研究计划被取消。1983 年，中国航天专家陈芳允提出使用两颗静止轨道卫星实现区域性的导航功能；1989 年，中国使用通信卫星进行试验，验证了其可行性，之后的北斗卫星导航试验系统即基于此方案。

试验系统（北斗一号）

1994 年，中国正式开始北斗卫星导航试验系统（北斗一号）

的研制，并在 2000 年发射了两颗静止轨道卫星，区域性的导航功能得以实现。2003 年又发射了一颗备份卫星，完成了北斗卫星导航试验系统的组建。

区域系统（北斗二号）

2004 年，中国启动了具有全球导航能力的北斗卫星导航系统的区域系统（北斗二号）的工程建设，并在 2007 年发射一颗中圆轨道卫星，并进行了大量试验。2009 年起，后续卫星持续发射，并在 2011 年开始对中国和周边地区提供测试服务，2012 年完成了对亚太大部分地区的覆盖并正式提供卫星导航服务。

全球系统（北斗三号）

2015 年 7 月 25 日，中国成功发射两颗北斗导航卫星，使北斗导航系统的卫星总数增加到 19 颗。这对北斗"双胞胎"弟兄，将为北斗全球组网承担"拓荒"使命。2017 年 11 月 5 日 19：45，我国在西昌卫星发射中心用长征三号乙运载火箭，成功发射两颗北斗三号全球组网卫星。这是北斗三号卫星的首次发射，也是党的十九大胜利召开后实施的首次航天发射，标志着中国北斗卫星导航系统步入全球组网新时代。

据北斗导航卫星系统总设计师谢军介绍，作为北斗系统全球组网的主要卫星，新发射的北斗双星将为中国建成全球导航卫星系统开展全面验证，为后续的全球组网卫星奠定基础。中国北斗系统在国民经济和国防建设各领域应用逐步深入，核心技术取得突破，整体应用已进入产业化、规模化、大众化、国际化的新阶段，预计将于 2018 年率先覆盖"一带一路"国家，2020 年覆盖全球。

北斗导航系统的工作原理

北斗卫星导航系统的无源与有源定位两种方式

当卫星导航系统使用无源定位技术时，用户至少接收 4 颗导航卫星发出的信号，根据时间信息可获得卫星与用户之间的距离信息。根据三球交汇原理，用户终端可以自行计算其空间位置。此即为 GPS 所使用的技术，北斗卫星导航系统也使用了此技术来实现全球的卫星定位。

当卫星导航系统使用有源时间测距来定位时，用户终端通过导航卫星向地面控制中心发出一个申请定位的信号，之后地面控制中心发出测距信号，根据信号传输的时间得到用户与两颗卫星的距离。除了这些信息外，地面控制中心还有一个数据库，为地球表面各点至地球球心的距离，当认定用户也在此不均匀球面的表面时，三球交汇定位的条件已经全部满足，控制中心可以计算出用户的位置，并将信息发送到用户的终端。北斗一号试验系统完全基于此技术，而之后的北斗卫星导航系统除了使用新的技术外，也保留了这项技术。

北斗导航定位精度

参照三球交汇定位的原理，根据 3 颗卫星到用户终端的距离信息，列出 3 个方程得到用户终端的位置信息，即理论上使用 3 颗卫星就可达成无源定位，但由于卫星时钟和用户终端使用的时钟一般会有误差，而电磁波以光速传播，微小的时间误差将会使得距离信息出现很大偏差，实际上卫星钟与接收机钟之间存在时间差，为此要以一个星钟作为时间参照，来确定时间未知数 t，如此方程中就有 4 个未知数，即客户端的三维坐标 (X, Y, Z)，以及时钟差距 t，故需要 4 颗卫星来列出 4 个关于距离的方程式，最后才能求得答案，即用户端所在的三维位置，根据此三维位置可以进一步换算为经纬度和海拔高度。

若空中有足够的卫星，用户终端可以接收多于 4 颗卫星的信息时，可以将卫星每组 4 颗分为多个组，列出多组方程，后通过一定的算法挑选误差最小的那组结果，能够提高精度。

电磁波以 3.0×10^5 km/s 的光速传播，在测量卫星距离时，若卫星钟有 1 ns（十亿分之一秒）时间误差，会产生 30 cm 距离误差。尽管卫星采用的是非常精确的原子钟，也会累积较大误差，因此地面工作站会监视卫星时钟，并将结果与地面上更大规模、更精确的原子钟组合进行比较与校正，得到误差的修正信息，最终用户通过接收机可以得到经过修正后的更精确的信息。当前有代表性的卫星用原子钟大约有数纳秒的累积误差，产生大约 1 m 的距离误差。

为提高定位精度，还可使用差分技术。在地面上建立基准站，将其已知的精确坐标与通过导航系统给出的坐标相比较，可以得出修正数，对外发布，用户终端依靠此修正数，可以将自己的导航系统计算结果进行再次的修正，从而提高精度。例如，北斗系统使用相位差分技术后，其静态定位精度可达到 3～5 mm。

北斗导航系统的与众不同

空间星座布局与众不同

在北斗卫星导航系统中，能使用无源时间测距技术为全球提供无线电卫星导航服务（RNSS, Radio Navigation Satellite Service），同时也保留了试验系统中的有源时间测距技术，即提供无线电卫星测定服务（RDSS, Radio Determination Satellite Service），目前仅在亚太地区实现。从卫星的轨道来区分，可以分成下列两类：

非静止轨道卫星：北斗卫星导航系统中地球轨道卫星和倾斜地球同步轨道卫星使用东方红三号通信卫星平台并略有改进，其有效载荷都为 RNSS 载荷。

静止轨道卫星：这类卫星使用改进型东方红三号平台，其 5 颗卫星的定点位置为东经 58.75° 到 160° 之间，每颗均有 3 种有效载荷，即用作有源定位的 RDSS 载荷、用作无源定位的 RNSS 载荷、用于客户端间短报文服务的通信载荷。由于此类卫星仅定点在亚太地区上空，故需要用到 RDSS 载荷的有源定位服务以及用到通信载荷的短报文服务只能在亚太地区提供服务。

北斗卫星导航系统同时使用静止轨道与非静止轨道卫星，对于亚太范围内的区域导航来说，无需借助中地球轨道卫星，只依靠北斗的地球静止轨道卫星和倾斜地球同步轨道卫星即可保证服务性能。而数量庞大的中地球轨道卫星，主要服务于全球卫星导航系统。

截至 2012 年，已经发射的北斗系统的卫星设计寿命都是 8 年，而后续又有数量众多的中地球轨道卫星需要发射，这些卫星将采用专门的中地球轨道卫星平台，寿命将延长至 12 年或更长，还会往小型化发展。

时间系统与众不同

北斗卫星导航系统的系统时间叫做北斗时，属于原子时，溯源到中国的协调世界时，与协调世界时的误差在 100 ns 内，起算时间是协调世界时 2006 年 1 月 1 日 0 时 0 分 0 秒。

坐标框架与众不同

北斗系统采用 2000 中国大地坐标系（CGCS2000）。CGCS2000 大地坐标系的定义如下：

（1）原点位于地球质心。

（2）Z轴指向国际地球自转服务组织（IERS）定义的参考极（IRP）方向。

（3）X轴为 IERS 定义的参考子午面（IRM）与通过原点且同 Z 轴正交的赤道面的交线。

（4）Y轴与 Z 轴、X 轴构成右手直角坐标系。

CGCS2000 原点也用作 CGCS2000 椭球的几何中心，Z 轴用作该旋转椭球的旋转轴。CGCS2000 参考椭球定义的基本常数为：

（1）长半轴为 6 378 137.0 m。

（2）地球（包含大气层）引力常数为 $3.986\,004\,418 \times 10^{14}\ \mathrm{m^3/s^2}$。

（3）扁率为 1/298.257 222 101。

（4）地球自转角速度为 $7.292\,115\,0 \times 10^{-5}\ \mathrm{rad/s}$。

独特的有源定位功能

北斗系统的有源卫星定位业务通常又叫作 RDSS，其工作机制是北斗系统独有的特点和亮点，是北斗区别于 GPS、GLONASS 和 Galileo 系统的重要特色，可为中国本土及周边区域用户提供快速定位、位置报告、短报文通信和高精度授时服务。

地面中心站和 GEO 卫星是有源定位服务的主要基础设施。地面中心站是有源定位业务的控制中心，GEO 卫星为地面中心站与用户之间建立无线电链路，共同完成 RDSS 无线电测定业务。地面中心站通过 5 颗 GEO 卫星的 C/S 转发器向用户发出"谁要定位"的询问信号，需要有源定位服务的用户接收任一颗卫星的出站询问信号后，即可响应询问，发出入站申请，通过 5 颗 GEO 卫星 L/C 转发器转发应答信号，即可测定地面中心站分别经 5 颗卫星到用户的距离（实际上只需要知道地面中心站分别经 2 颗卫星到用户的距离即可完成无线电测定业务）。由于 GEO 卫星位置可以通过中心站精密定轨确定，可导出用户到每颗卫星的距离。利用存储在地面中心数据库钟的数字地形高程计算出用

户所在位置。

归纳起来,北斗系统有源定位主要有以下四大特点:

(1)基础建设相对简单。主要表现在三个方面:① 系统建设投入少。理论上只需要 2 颗 GEO 卫星和地面中心站即可实现定位;② 定位原理简单。定位原理如第一部分,在整个定位方程中没有太多的误差项需要去消除;③ 关键器件要求低。相对于 RNSS,RDSS 不需要高精度的原子钟(在 RNSS 中高精度的原子钟是精确定位的必备条件)。以上原因也是北斗一号选用 RDSS 有源定位方案的主要原因。

(2)在导航系统内完成导航与通信(短报文功能)集成,既增强了导航功能,又避免了因通信体制、部门编制不同带来的通信问题,互通性好。

(3)位置报告链路与导航链路相结合,其信息传输链路具有与 GPS P(Y) 码可比拟的安全性。利用有源定位功能能实现无位置信息的用户位置报告,保密安全性好。用于军事救援时,降低了被捕获的风险。

(4)利用有源定位可实现双向授时,其精度可优于 10 ns,与通常的 GPS 授时相比,可提高 5~10 倍。

经过北斗一号的发展和北斗二号的改进,目前北斗的有源定位功能已日趋成熟,这表现在以下几个方面:

(1)研制厂家。由于有源定位接收机终端主要承载的是信号转发功能,不涉及具体位置解算等复杂功能,研制相对简单。国内有多家厂商能够提供有源定位接收机产品,主要有华力创通、九天利建、星宇芯联、北斗星通、合众思壮、振兴科技等。

(2)终端形态。由于有源定位信号由 GEO 高轨卫星传播,地面接收机的上传信号发射功率比较大,标称是 5 W,实际由于电源效率的问题,发射瞬间的功耗可达 13 W 左右。有源定位终端形态大多为手持设备,经过近几年的技术进步,终端体积已大大减小,有的已近乎手机大小。大多数有源定位终端同时也具备 RNSS 定位功能,单台终端价格区间为 1 000~5 000 元。

（3）应用情况。根据目前有源定位带宽和用户使用频度计算，整个北斗二号系统的有源定位（或者说是短报文）用户容量可达 100 余万户。目前实际注册的民用用户数量为 30 万户左右，其用户主要分布在警用、海洋渔业、地质勘探、测量测绘、应急援救等领域，主要在移动公网（即电信、联通、移动三大运营商）无法覆盖以及因自然灾害无法实施通信的情况下使用。

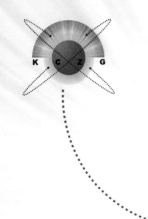

LBS 及消费娱乐应用

　　基于位置的服务（LBS），是指通过电信移动运营商的无线电通信网络或外部定位方式，获取移动终端用户的位置信息，在地理信息系统（GIS）平台的支持下，为用户提供相应服务的一种增值业务。近些年以来，LBS 以其强大的活力渗透到我们日常生活的方方面面，与大众最喜闻乐见的各种消费娱乐活动紧密地结合在一起，创造出一个广大而又潜力十足的新兴市场。

LBS 概况

　　LBS 包括两层含义：首先是确定移动设备或用户所在的地理位置；其次是提供与位置相关的各类信息服务。LBS 的另外一种叫法为"移动定位服务"（MPS-Mobile Position Services）系统。它借助于互联网或无线网络，在固定用户或移动用户之间，完成定位和服务两大功能。举个简单的例子很容易理解这个问题：手机用户首先需要通过定位获得自己当前所处的准确位置，然后通

LBS 所覆盖的服务领域

过 LBS 获知自己周边较近的加油站、电影院、餐馆、邮局等特定服务点的分布情况。

LBS 系统及其组成

总体上看，LBS 由移动通信网络和计算机网络结合而成，两个网络之间通过网关实现交互。移动终端通过移动通信网络发出请求，经过网关传递给 LBS 服务平台；服务平台根据用户请求和用户当前位置进行处理。并将结果通过网关返回给用户。

其中移动终端可以是移动电话、个人数字助理（Personal Digital Assistant，PDA）、手持计算机（Pocket PC），也可以是通过 Internet 通信的台式计算机（desktop PC）。服务平台主要包括 WEB 服务器（Web Server）、定位服务器（Location Server）和 LDAP（Lightweight Directory Access Protocol）服务器。

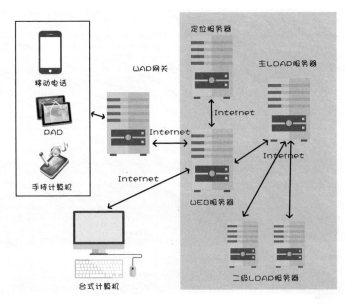

LBS 系统组成示意图

LBS 的特点

要求覆盖率高

　　一方面要求 LBS 覆盖的范围足够大，另一方面要求覆盖的范围包括室内。用户大部分时间是在室内使用该功能，从高层建筑和地下设施必须保证覆盖到每个角落。根据覆盖率的范围，可以分为三种覆盖率的定位服务：在整个本地网、覆盖部分本地网和提供漫游网络服务类型。除了考虑覆盖率外，网络结构和动态变化的环境因素也可能使一个电信运营商无法保证在本地网络或漫游网络中的服务。

定位精度

　　依赖卫星导航的 LBS 可根据用户服务需求的不同提供不同的精度服务，并可以提供给用户选择精度的权利。例如美国联邦通信委员会（FCC）推出的定位精度在 50 m 以内的概率为 67%（1-sigma），定位精度在 150 m 以内的概率为 95%（2-sigma）。定位精度一方面与采用的定位技术有关，另外还要取决于提供业务的外部环境，包括无线电传播环境、基站的密度和地理位置、定位所用设备等。

　　移动位置服务被认为是继短信之后的杀手级业务之一，有着巨大的市场规模和良好的盈利前景，但实际进展比较缓慢。不过，随着产业链的完善，移动位置和位置服务市场有望日益壮大。自 2008 年开始，全球 LBS 运营市场开始加速成长，但是在开展的同时要非常注意业务和网络性能的平衡点，应该在保障网络性能的同时最大可能地保证业务的开展。

　　基于卫星导航的 LBS 服务业务也得到了蓬勃地发展，各种开放式应用程序接口（API）得到了广泛的使用。如西桥科技的

Cobub 服务，就为用户提供了开放式的 API 服务。注册用户可以根据不同的需要来使用对应的服务，如通过 IP 查询经纬度、通过 Wi-Fi MAC 地址查询、通过附近基站信息查询手机地址、通过经纬度查询地址、通过地址查询经纬度等服务。

支持多种定位终端

依靠卫星导航系统进行定位的 LBS 包括了大量为了满足不同使用条件和需要的定制化应用，这些应用需要多种设备的支持。LBS 的定位终端包括智能手机、平板电脑（Pad）、个人跟踪设备、可穿戴设备（智能手环、智能手表、智能眼镜）、数码相机和便携式电脑。

在所有 LBS 定位终端中，智能手机的出货数量远远超过其他形式的终端。智能手机的数量如此巨大，给应用开发商带来了巨大的商机，从而有效地实现了规模经济。在情境感知智能手机 APP、本地搜索 APP 和增强现实（AR）游戏等市场不断壮大的驱动下，2016 年，包括北斗卫星导航在内的 GNSS 带来的 LBS 领域总收益超过了 400 亿元。用户对于新近涌现的 LBS 应用要求的提高客观上刺激了依赖卫星导航的 LBS 市场的繁荣。

LBS 与我们的生活

签到模式的失败促使 LBS 思考新的模式，最终，他们认为 LBS 与 O2O 相结合的方式更为理想，商家在线上完成营销活动，并引导用户同时完成消费，用最快的速度满足用户的基础需求。

2011 年的愚人节这天，星巴克咖啡宣布添加一项全新服务，顾客可以在任何地点下单订购咖啡，根据顾客的位置，星巴克的店员将把咖啡送到顾客的手中。虽然是个愚人节玩笑，但是这种基于 LBS 定位的服务却并非无法实现。比如当前的叫车服务，

就是合理利用资源并通过位置信息调配服务人员的最好案例。

除了叫车，其他服务类型的应用都可以接入 LBS 服务。如今，上门服务十分火热，用户在移动端下单并完成支付，用户不必走出家门，店员会直接按照您要求的地点提供上门服务，比如美甲、按摩、洗车等一系列 App，未来还会有更多类型

LBS 在日常生活中很有用途

的应用加入进来，覆盖到更多的生活场景。想象一下，通过 LBS 我们可以快速找到车辆在停车场中的位置，判断下一班公交到达的时间，任城市发展变化再快，有实景地图实时定位永远也不会迷路。

LBS 与 O2O 结合，为日常生活带来极大便利

　　LBS+O2O 的模式比较常见，然而 LBS+ 社交的力量也在不断的加强当中，其中最成功的莫过于微信。微信拥有数亿的活跃用户，除了即时沟通之外，微信也是一个极佳的营销平台，其中的"查找附近的人"、"摇一摇"、"漂流瓶"均利用了 LBS 服务，那么如何利用微信推广自家产品

打开微信　扫一扫　　扫描以上　二维码　　输入消费金额　完成付款

微信扫码支付 方便又快捷

LBS 可以与微信做功能结合

呢？通过微信公众平台即可，用户订阅后即可接收信息，扫描二维码就能关注相应的微信订阅号。

　　可见"只要有定位服务，无论身处何方都能享受所有周边服务。"这句话在当今时代并不是空想。

LBS 与营销推广

　　对于商家来说，一旦接入 LBS 定位服务，就可以迅速打开产品推广的市场。鉴于巨大的用户基数，这方面的潜在用户的数量是非常可观的。

　　由于发展模式的问题，以往使用 LBS 服务的用户黏性很低，但在结合了 O2O 之后，情况大有改善。团购类 App 是较早一批接入 LBS 服务的应用，由于优惠信息是不间断提供的，用户在得到一次实惠之后，二次消费的可能性还是很高的。推广成本高向来是商家比较头疼的一个问题，如果没有针对性地进行广告投放，中小型企业很难支撑下去。而现在，通过分析用户的位置信息，广告可直接送达到消费群体的手机上，精准度提高，成本迅速下降，广告效果成倍增长。

LBS 与营销推广密不可分

比如当您处于商圈中时，很快就会收到附近某家商场在打折的消息，若是在餐饮一条街，优惠券、代金券等又会马上蹦出来，这无疑极大地刺激了潜在的消费欲望。

在移动互联网极速发展的今天，智能设备的保有量不断增长，3G/4G网络普及度高，这些都是促成LBS服务与生活紧密关联的因素。如今，主打"身边"服务的应用越来越多，根据用户实际需要，解决消费购物中"最后一公里"的难题。

但不可否认，LBS也存在一个难以回避的问题——隐私。因为提供的是位置信息，可以说用户丝毫没有隐私可言，用户的一举一动都在严密的监视之下，用户消费习惯等数据可能会被截取、分析

LBS 主打"身边服务"

和利用。一旦用户信息遭到泄露，厂商失去的不仅仅是短期的销量，更是长久的信任。

　　未来，LBS 还会衍生出更多的模式，游戏、娱乐、生活工具类应用都是不错的发展方向。

LBS 的发展前景

　　最近，有报道称国内一些创业型独立微博网站面临生存危机，开始转型做 LBS 服务。某微博创始人承认，在门户微博压力下，正在重新整合资源，将服务定位为一个基于手机客户端的位置签到服务平台。

　　一般而言，小型的互联网公司大多是较早介入微博领域的创业公司。随着门户网站新浪、网易、搜狐和腾讯介入微博大战，早期的创业网站普遍感受到了生存危机，跟大型门户网站相比，创业公司不得不考虑商业模式在短期内的可行性，需要寻找更清晰的盈利模式，因此这才有了转向 LBS 服务的倾向。

　　然而，这些创业公司既然在微博领域斗不过门户网站，现在想起搞 LBS 就能竞争过门户网站吗？新浪和网易都已经开发了 LBS 服务，腾讯也低调地做了一个餐饮类的 LBS，这方面的机会其实也不多了。

　　门户网站的优势是，可以利用门户的新闻媒体、博客平台以及现有的用户群对微博和 LBS 进行推广，这方面创业公司很难与其相竞争，由于社交网络具有用户迁移成本高、用户忠诚度高等特点，很容易形成马太效应，导致强者愈强，弱者愈弱。因此，国内的创业公司与其和门户网站相竞争，还不如找准切入面，专心做一项市场细分的服务。

　　这方面国外的好点子其实挺多的，特别是针对移动互联网的一些应用都有不错的成绩。例如手机社交类应用 Instagram 和 PicPlz，就是一个类似 Twitter 的图片版，内置的图片渲染

PicPlz 的图片渲染效果

PicPlz 的显示界面

效果可以让普通的 iPhone 手机也能拍摄出"艺术照片",但其应用的社交网络都是国外的社交平台如 Facebook、Twitter、Foursquare 等,而国内目前似乎还没有同类产品,国内创业公司如果将这个模式复制过来,将其同步的社交平台变为国内的人人网、新浪微博、腾讯微博、街旁网等,这比直接搞 LBS 踩点要靠谱得多。

还有一个例子是类似 Kik 和 Viber 这样的通信应用,利用 WiFi 网络来免费实现手机短信和手机通话服务,目前国内也有很多做手机通信录的公司,甚至 UCWEB 这样的浏览器也很关注手机通信录,腾讯也做了一个跨手机平台的"QQ 同步助手",只要在上面做一个简单的设置,让安装了"QQ 同步助手"的用户之间可以免费发送信息,信息自动推送到手机上,或者免费语音通话,语音通过 WiFi 传输,这不就和 Kik 及 Viber 差不多了。

类似 Kik 的"免费短信应用"和 Viber 的"免费通话应用"

会不会冲击中国移动、联通和电信的短信业务和电话业务呢，目前看来影响并不大，中国的 iPhone 和 Android 用户总共加起来大概就几百万，和数亿的移动用户相比几乎可以忽略不计，但中国的通信运营商绝对不会放心此类应用，一旦未来 iPhone 和 Android 手机普及到大众，此类应用还是很有可能冲击老牌运营商的短信业务和电话业务。

卫星导航在消费娱乐应用中的好处

卫星导航最贴近人们消费与娱乐应用、最能引起人们兴趣的服务有两种：位置游戏服务和位置信息服务。

位置游戏服务

位置游戏服务提供基于真实地理位置签到信息的游戏服务，鼓励用户实时签到赚取游戏经验及虚拟道具，提升游戏经验值和用户等级。这类的游戏有以下几种。

1. 摩天轮

摩天轮是一个基于地理位置的、充满发现乐趣的城市地产社交游戏，在真实地理位置基础上，为用户提供一个开心的手机互动平台，用户可以买下自己熟悉的地方（比如母校、公园、城市地标等），与好友一起享受地产买卖、偷租抢租的乐趣。

"摩天轮"手机应用软件界面

16Fun 手机应用软件界面

"魔力城市"手机应用软件界面

2. 16Fun

16Fun（一路疯）是一款基于地理位置的社交游戏。游戏中你可以通过虚拟报到、买卖房产、收房租、投资升级、升值地产等游戏方式与在现实生活中的商家、热门地点、好友进行互动，简单的形容就是真实版的大富翁游戏。

16Fun 把基于地址位置的服务重新包装一下，变成游戏的形式，把在现实地点签到包装成一个游戏的行为，在虚拟的世界里签到现实地点，涨经验值。16Fun 社区交友游戏把传统游戏里的概念：经验、货币、升级、成就、玩家互动（保护、打斗）、物品都搬进来了，现实当中的社会情况，同时也能反映在游戏里。

3. 魔力城市

魔力城市是真实城市的手机大富翁，在游戏中玩家可以买入真实城市中的真实店铺，对进入该店铺的玩家收取租金，还可以卖出获取差价。魔力城市中签到作为玩家赚钱的最简单方法。还可以在好友店铺中领取红包，还有魔力章、魔力卡等更多赚钱方式。用户可以在魔力城市中记录自己的生活，结交新的朋友。

4. 云上飘

云上飘是一款基于位置的手机社交游戏，提供签到功能和基于位置的社交分享和 SNS 功能，包括周边好友查询、留言、拍照等功能；官方不定时提供更多基于云上飘的位置游戏和应用，如寻宝活动、购买房产等；用户/商家也可创建简单好玩的位置游戏，提供给不同用户互动，实现更多的时尚娱乐元素。

"云上飘"手机应用软件界面

位置信息服务

位置信息服务主流模式为围绕用户签到展现本地生活信息，实现位置服务与用户工作生活的深度整合。通过签到获取商家优惠及折扣是位置信息服务的主流商业模式。

1. Google Places

Google Places（谷歌地方信息）是一个基于地理位置的本地生活信息搜索和分享平台，可以方便地找到附近的餐馆、咖啡店、酒吧、自动取款机、加油站、酒店或其他景点，通过用户贡献和点评的方式让用户发现更多更好的本地商户。

Google Places 手机界面

大众点评手机界面

"口碑"应用软件界面

用户通过 Google 账户进行登录，就可以使用，并对各个商户进行评级和打分。

Google Places 对于商家的评论信息是自动抓取大众点评和口碑网等第三方网站，照片和视频来自 Panoramio 和 YouTube 等网站。

对于 Android 手机来说，Google Places 集成于 Google Maps 应用之中，iPhone 则是单独的应用，除了手机之外，Google Places 还支持 Web 网站访问。

2. 大众点评

大众点评是中国老牌的本地生活消费类网站，覆盖上海、北京、广州等全国 30 多个主要城市，首创了消费者点评模式，以餐饮为切入点，全面覆盖购物、休闲娱乐、生活服务、活动优惠等城市消费领域。

大众点评除了可以通过电脑版网页访问，还提供了多个手机客户端访问，大众点评的手机应用提供 GPS 定位查找、签到、优惠券等功能，界面也更加美观和易操作。

3. 口碑

口碑网是淘宝网旗下网站，是基于本地搜索的生活服务信息平台，致力于打造生活服务领域的电子商务品牌。网站涵盖餐饮娱乐、租房买房、工作、旅游、交友、家政等黄页店铺和生活服务信息，为消费者提供评论分享、消费指南，是商家发布促销信息，进行口碑营销，实施电子商务的平台。

2007年，大众点评网被口碑网针对其开发的"搬家"工具以及长达一个月的点评搬家行为激怒，引发行业内对互联网公平竞争的广泛讨论。

4. 百度身边

百度身边是一款基于地理位置的本地生活类产品，是以美食、购物、休闲娱乐、丽人、健身、酒店、便民等为主的本地生活信息搜索和分享平台，为用户提供优惠打折信息以及消费决策支持。

与现有多数点评类网站不同的是，"百度身边"借助了百度搜索技术，与搜索引擎结合得更加紧密，以及基于LBS的数据挖掘和处理技术，并且整合了百度旗下的地图、无线热点（AP）等资源优势。

5. QQ美食

QQ美食是一款基于地理

"百度身边"应用软件界面

"QQ美食"应用软件界面

位置的本地生活信息平台。提供商家搜索、用户点评、美食社区等服务。早先QQ美食是QQ空间的一个应用游戏，只允许QQ空间用户访问，之后QQ美食发布了独立二级域名的网站，开通独立网站后，即可供所有用户访问。

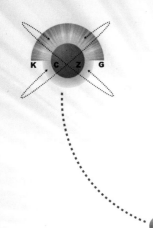

目标追踪与人员监控

常看大片的影迷们应该对 GPS 追踪器的功能再熟悉不过了。其实，GPS 追踪器就是目标追踪与人员监控的最典型应用案例。北斗系统和 GPS 一样，在车辆跟踪管理和人员监控管理中的功能日益成熟，相关的应用解决方案和完整系统已经在市面上出现了。

GNSS 车辆跟踪管理系统

系统简介

车辆自动定位（Autonomous Vehicle Localization，AVL）管理系统是根据目前车辆信息化管理需求开发的车辆定位跟踪管理平台，达到车辆及货物实时定位跟踪，从而将运输行业中的货主、货运代理及司机等各个环节的信息有效地、充分地结合起

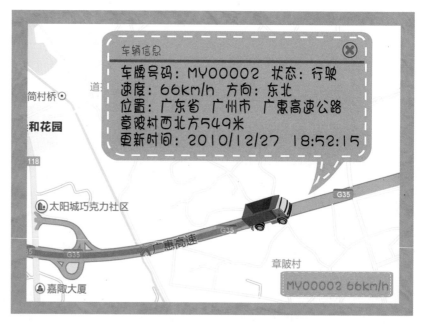

导航地图上的跟踪车辆信息

来，降低空车率，最大限度地调配车辆，并可以显示每辆车所用的油量、路程，提高运输效率，降低运输成本。

通过 AVL 管理系统，用户可以在监控中心，对所有车辆进行全程监控，可实时显示车辆所在的位置，并可以对车辆进行轨迹回放，同时支持停车地点、停车时间及运行速度等信息记录的检索。监控中心可对车辆进行调度管理、人员管理，有效地控制车队、降低成本、增加收入、提高人车安全，保证提供更高水平的服务。

主要功能

1. 实时查询车辆的位置和行驶数据信息

对于所查询车辆的选择可以按单辆车、分组或全部车辆进行，选中车辆的实时位置信息和行驶数据信息将向管理中心报告。位置信息包含经纬度值，行驶状态信息包括时间、速度、方向、设备故障、空车 / 重车信息等。

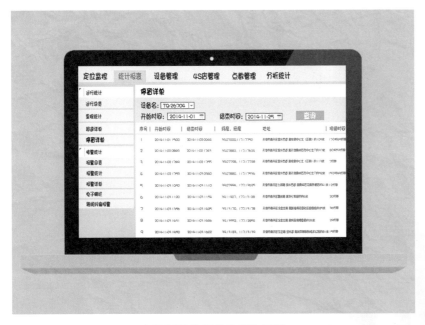

车辆行驶数据信息查询系统

2. 实时监控车辆行驶状态等信息

管理中心可按单辆车、分组或全部车辆选择，要求车载终端按照预设时间间隔连续上报车辆的行驶状态、实时位置等信息，实现对于车辆的连续的实时监控功能。

3. 历史轨迹上传及轨迹回放

车载终端上存储的历史轨迹记录可以由管理中心通过无线方式按照时间段提取后存储于管理中心，轨迹点可以在管理中心电子地图上回放以重现车辆的行驶过程。

历史轨迹回放界面

4. 报警功能

车载终端设备配置紧急报警开关，在有紧急情况（如遇劫、求助等情况）发生时，驾驶人员按下按钮后车载终端会立刻向管理中心发送报警信息，管理中心接收到报警信息后立即以声音提示结合文字提示信息通知值班人员，配合电子地图上位置信息为值班人员提供及时完整的报警信息和处理流程。

5. 语音监听

当某些特殊情况发生（如劫警）后，可由车载终端主动向指定号码的固定或移动电话拨号，使监控中心可以监听车内情况；或由中心主动拨号监听车内声音。终端可设置：允许任何监听、仅允许报警后监听两种模式。

6. 远程遥控断油 / 断电

车载终端可配备断油电装置，管理中心在确认警情发生或其他特殊情况下，可以向车载终端发送断油 / 电指令，车载终端在接收到指令后将执行断油电的动作，车辆将无法点火。

车辆远程断油断电以防盗窃

7. 文字信息显示、应答（需带调度屏 / 有线手柄）

车载终端配合外接的中文液晶显示屏可与管理中心之间实现车辆调度、应答、信息收发等功能。

8. 越界 / 超速报警

由管理中心系统设置的车辆行驶速度上限限制值发送到车载终端并由车载终端保存该设置，在行驶过程中若判断当前行驶速

度超出速度上限值时立即向监控中心上报超速警告；中心系统亦可设置活动区域到车载终端，并由车载终端保存该设置，在行驶过程中判断车辆驶出或驶入该区域时则向监控中心上报越界报警信息。管理中心系统记录报警信息并立即以声音提示并结合文字提示信息通知值班人员，配合电子地图上位置信息为值班人员提供及时完整的报警信息和处理流程。当行驶速度接近预设超速报警值时车辆内部蜂鸣器可发出提示音，用以提示司机注意。

超速报警提醒

GNSS 人员监控管理系统

系统简介

GNSS 人员监控管理系统实现了移动目标的实时双重定位

监控查询和信息的实时无线网络传输。该系统已经渗入企业流动人员管理、公安警务系统人员定位及执法管理、数字城市智能监控管理等移动目标的定位跟踪、监控查询、辅助导航、动态管理，信息交流等领域。同时，该系统产品也同样适合特殊人群的监护场合使用，如用于老人、小朋友、病号的日常监护领域。

GNSS 人员监控管理系统解决方案的终端设备，体积小巧但功能强大，是一款 GPS/GSM/GPRS 追踪定位器。产品具有超薄、易操作、接收信号强等特性，适用于户外出游、老人、小孩或特殊需求人群随身携带，实现人员定位跟踪、紧急呼救之用，家人可以通过监控平台随时了解他们的位置、状况，在必要时提供帮助。

具有人员定位与 SOS 求救功能的手表

系统组成

GNSS 人员监控管理系统解决方案是一个集移动通信技术、计算机网络及数据库技术、全球卫星导航技术及地理信息系统技术为一体的综合系统，它由监控中心、追踪器终端、无线通信网络组成，各部分相互配合，共同完成监控、调度、服务等功能。

1. 监控中心

监控中心是整个系统的核心，负责与终端进行信息交互，完成各种信息的分类。监控中心响应并处理追踪终端报警信息、通话信息、事件提醒等工作，同时对受控终端进行实时定位和追踪监控。

2. 便携终端

便携终端通过 GSM 和 GPRS 网络与监控中心通信，利用短消息和数据传输，进行双向数据信息传输，利用语音通道进行语音通信；将工作状态将定位和状态数据传送到监控中心，同时接收监控中心的服务。

3. 北斗卫星导航系统

携带北斗卫星导航系统信号接收终端的地面移动目标（车、船、行人等）通过捕获、跟踪头顶上方可用的卫星信号解算出自身所处的坐标位置和时间，在人员监控管理系统中配合通信网络完成被监控目标位置的上传。

4. GSM 通信网络

GSM/GRPS 全球数字移动系统是目前国内覆盖较广、可靠性高、容量大、保密性较强的数字移动蜂窝通信系统。依托 GSM/GPRS 通信网络作为支援 GPS 系统的无线数据传输平台，确保了报警信号和数据传输通道的可靠性。车船终端上的 GPS 接收机获取车船的实际位置、速度、运行方向等信息经过处理后通过 GSM/GPRS 网络传送到监控中心，中心可以对车船进行管理、调度和控制。

即使在室内、地下室、野外等信号较差的地方也能精准定位，在没有信号的地方会自动连接进行误差校准，不用担心信号消失或者定位不准确。

特殊场景下卫星导航功能仍然可用

主要功能

功能之一：实时监控追踪。追踪器通过接收 GNSS 卫星信号，获得追踪器实时位置信息（日期、时间、经度、纬度、行驶速度、行驶方向），并通过无线通信网络定时向指挥监控中心发送实时位置信息。当携带追踪器的人员外出行走和移动时，系统将各人员的情况直观地展现在电子地图上，指挥监控中心能清晰得知各人员的分布状态，从而可以实现区域内部人员的合理调度。

功能之二：紧急报警。追踪器配备紧急报警的按钮，当人员出现紧急情况时，按下紧急报警按钮键，触发紧急报警，监控中心立即可给予紧急援助。

功能之三：行动记录存储。追踪器内置存储器，可以保存人

实时监控追踪支持地图切换

员的位置信息。通过数据线连接系统监控中心，可把保存的位置信息导出。

功能之四：一键通话。追踪器具有一键通话功能，通过预先设置的通信号码，实现一键通话。

功能之五：远程监听。在个人终端触发紧急报警时，监控中心可对个人终端实时远程监听。

功能之六：运动记录。通过记步功能统计被监控人员的活动量，比通常的运动 APP 获取的数据更准确，对户外健身锻炼有重要作用。

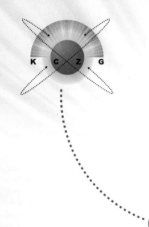

环境监控与公共安全

　　如今，"低碳节能"已经成为全社会的共同意识，这要求我们身边的任何基础设施都要服从环保方面的考虑，包括北斗在内的 GNSS 应用也不例外。同时，卫星导航技术在公共安全领域所能做出的贡献也逐渐被人们发掘出来。

GNSS 在环保领域的新角色

基础环境监测数据采集

　　当前，我国环境问题日益严峻，环境污染和生态破坏已经成为社会经济发展的制约因素。而工业排污是环境污染的主要来源，消除和控制工业污染则是解决我国环境污染问题的首要环节，因此对工业污染源的监测管理尤其重要。目前，我国环境监测工作仍以常规监测为主要手段，尚不能对环境进行大面积、全天候、连续的自动监测，各类监测数据主要由监测人员手工监测得到，需要花费相当长的时间，同时由于环境监测要素点位具有多变性的特点，对点位的监测常常无法定期更新，这对环境管理者的及时决策产生较大的影响。

　　在国内环境监测领域，各种环境管理信息系统渐渐开展，即根据遥感（RS）、GIS、GNSS 相结合的"3S"技术，开放环境保护领域应用的各个功能集于一体的现代化定位信息系统，GNSS 在其中扮演了数据更新的重要角色。利用 GNSS 对环境要素、污染源进行定位，并利用 GNSS 数据采集的功能对其属性进行记录，详细记录环境要素及污染源的各种环境信息，包括排污企业的企业信息，污染源类别划分，排污企业历史排污量事故记录，排污企业等级等信息的记录，利用 GIS 在电子地图上非常直观地显示出来各污染源空间位置分布，从而方便监测中心管理员及时对城市环保的情况进行查询、统计与分析，动态监测城市或区域的环境状况，实时对污染源进行管理控制并处理各种污染事件。

环保监测设备信息化管理

随着城市建设的高速发展，对环境保护和监控也提出了越来越高的要求，要求这项重要的公用事业必须用现代化的管理方法和手段，提高管理水平和管理效率，以满足建设现代化花园城市的要求。环境保护与地理信息系统是密不可分的，在国内，自20世纪80年代末就有一些大城市开始将GIS技术引入环境保护领域中，并有许多成功的案例。环境保护单位建立环保信息系统，基础建设就是设立各种监测设备，将城市各重点环境和位置的环境数据采集下来。可以说，环保监测设备是整个环保监控信息系统的眼睛，对它的信息化管理至关重要。

GNSS作为GIS系统的数据更新采集的工具，可以详细记录各种监测设备，包括大气污染监测设备、烟雾排放检测设备、噪声监测设备、污水排放检测设备等的安放位置及监测数据的采集，对新增或改动的监测设备进行及时的更新。采集的数据回传到环保GIS，在数字地图的背景下显示各种监测设备的分布图，实时动态地显示各种监测设备的监测数据，对于有超标的监测点实时响应报警；建立、维护各种监测仪器的档案，包括仪器的种类、型号、各种性能指标、生产厂家等信息，实现对环境监测设备真正的信息化管理。

环境污染事故应急指挥调度

随着人类社会的发展，环境污染问题越来越突出，突发污染事故也越来越频繁。松花江水污染事故使人们警醒，我们的突发事故的应急响应能力太过薄弱，环保应急体系并不完善。由于环境污染事故具有突发性、破坏性以及灾难性等特点，对污染事故的应急监测就显得尤其重要。对于应急监测的基本要求是监测车

辆应安装有 GNSS，由 GNSS 定位为核心技术组成的车辆 GNSS 调度指挥管理系统实现对车辆的跟踪、监控、调度指挥和管理。该系统的车载 GNSS 接收机对车辆实时定位，驾驶员在随时知道自己具体位置的同时将定位信息发向监控中心，接收监控中心发来的调度指挥命令，将自身的实时位置（如经度、纬度、速度、航向）及调度命令显示或发出语音，一旦出现突发污染事故，驾驶员启动报警装置并在指挥中心立即显示出报警车辆的地点等信息。监控中心通过电子地图及时掌握监察车辆的实时位置、报警出事地点及相关信息，发出决策指挥命令，实现对监察车辆的调度指挥。

环境污染事故应急指挥调度 GNSS 系统可以实现车辆监控和监测管理等许多功能，这些功能包括：

1. 车辆监控与跟踪

利用 GNSS 和电子地图可以跟踪显示监察车辆的实时位置，可以随目标移动，可实现多窗口、多车辆、多屏幕同时监控与跟踪。配合基础环境数据在电子地图上的显示，监控中心可随时了解监察车辆所处周围环境情况，对环境监测任务的推进了解得更加直观。

2. 调度指挥与管理

监控中心可有监控区域内车辆运行状况，随时与被跟踪目标对话并实施调度指挥和管理。车辆调度员也可根据具体任务的实施，随时调整监察车辆的行车路线、方向等运行方案。

3. 信息查询

利用 GNSS 和 GIS 建立道路数据库，用户能够在电子地图上对道路准确位置、路面状况、沿路设施等进行查询，并在电子地图上显示查询结果或位置。

4. 突发事故应急

当某地发生突发环境污染事故，报警系统可及时将监察车辆确定的事发位置、时间等信息发送给监控中心，监控中心在得知警情的第一时间内安排相关人员赶到现场，通过环境监察车辆，可以将现场实时数据传回监控指挥中心。监控中心领导在分析现场情况后，可根据环境应急预案、相关法规等做出正确指挥调度，设计最佳的人员撤离路径和最佳救援路径，并根据事故周围的危险源信息、疏散信息，形成事故应急调度方案。

GNSS 在公共安全领域的应用

GNSS 应用于网络安全领域

近十年来，在互联网飞跃式发展引领第三次信息产业革命的同时，也带来了诸多问题和隐患，其中的信息安全和网络安全问题就是一个明显例子。尤其是伴随着移动宽带接入技术的普及和发展，无线宽带网络安全隐患更是让政府相关监管部门和企业感到忧心忡忡。在这样的背景下，考虑无线宽带网络的自身特点和安全防护需求，定位技术与网络安全技术相结合所产生的基于位置信息的安全防护技术应运而生，而且必将有着广阔的发展空间和应用前景。

美国通信委员会在 1996 年通过了增强 911（E911）法案，该法案在 1999 年再次修订，法案要求手机运营商必须知道每一部手机的地理位置，并且误差控制在 50～100 m 之内。任何一部手机拨打美国紧急服务电话 911，相关专业机构就会知道其位置，即使用户自身不知道身在哪里。美国通信委员会的这一法案，极大地促进了移动定位技术及其相关服务业务研究的发展。

3G 时代的到来又为移动定位技术的发展开启了新的篇章。随着数据传输能力的提高，终端多媒体能力的普及以及终端芯片中内置 GNSS 方案的出现，针对移动定位技术的限制越来越少。目前，全球范围内普遍使用的 3G 移动定位技术主要有 4 种，分别是基于网络的 Cell-ID、TOA/TDOA 定位技术，基于终

端的 OTDOA 定位技术以及网络与终端混合的 A-GPS/A-GNSS 定位技术。

随着 802.11n 和 Mesh 技术的推出，无线局域网（WLAN）作为一种新兴的互联网宽带接入手段正在逐步改变人们传统的基于固定宽带的上网方式。摆脱了网线的束缚，人们可以通过笔记本电脑、上网本、智能手机等便携式的终端设备，在任何部署了无线局域网的场所连接到互联网，例如图书馆、商场、咖啡厅、餐厅等公共场所以及办公大楼等办公场所，极大地满足了广大用户需要随时随地上网的迫切需求。而集中式的无线局域网架构的应用极大地降低了成本并简化了无线系统管理、安全和升级等任务，使得无线局域网得到了迅速普及和快速发展。

无线局域网在终端和接入访问点（Access Piont）之间采取无线信道作为信息传输途径，较之传统的固定线路更为开放、便捷的同时，也为网络安全带来了新的挑战。原有的固定局域网的网络安全技术、策略和管理方式已经不能满足无线局域网新形势下对网络安全的需求。尤其是对于网络安全有较高需求的企业来说，如何在使用无线局域网改善办公条件的同时，能够有效阻止外界的非法访问、保护敏感信息才是当前企业关注的焦点。

虽然一些标准（如 Wi-Fi WPA2 和 802.11i）能够提供全新水平的无线安全能力并得到了新的监视和入侵保护工具的支持，但是企业的焦点已经转向如何将传统的网络安全和物理安全相结合，形成一套基于位置信息的新型网络安全解决方案。帮助企业平衡在为自己的员工和访客提供移动上网服务的同时，提供对这种难以管理的自由性进行必要检查之间的矛盾。

例如，企业在自己的办公大楼内部署了无线局域网，方便员工办公，但是企业不希望处于办公大楼之外的人访问自己的无线局域网，以防备网络攻击、敏感信息窃取等安全隐患。再比如，企业因为办公需要为人力资源部门实现无线上网功能，但是需要限制除人力资源部门以外的无线访问，以阻止其他人访问部门内部的敏感资料，如员工信息、绩效考核信息等。

这就是基于位置信息的安全技术发挥作用的根本所在：基于用户的位置信息限制无线局域网访问权限。除增加了一层物理安全保护外，定位控制加上访问权限控制还可以防止网络单元的过载，并且阻止"拒绝服务"的攻击，限制访客访问网络。这种新的网络安全思路其实体现了一种"物理围栏"的概念，即基于访客的地理位置以及授权状态等因素，从而限制对网络访问的活动。这一理念在技术上并不难实现，只要将定位技术引入无线局域网即可实现。

用户的身份基于一种或多种ID（如RFID工牌/访客牌和移动Wi-Fi设备）来建立，同时采用定位技术来确定具体ID的位置，这样就实现了对用户适当的网络访问级别的设定。其基本的前提是围绕每一个移动设备和每名用户建立一个虚拟的访问围栏。它的工作原理是跟踪用户在楼内的行动情况，根据授权状态和是否在指定的允许区域，来认可或拒绝用户对网络资源的访问。

"物理围栏"还可以设定只有当ID卡（物理安全）符合提供给指定的用户和他的移动设备时，才能访问无线局域网和网络资源，这样极大地降低了某人使用其他用户的便携机或移动设备访问网上非授权信息的可能性。

"地理围栏"通过对访客位置进行跟踪，当他/她在会议室与公司其他员工在一起时允许其访问无线局域网，而离开会议室之后的访问则予以拒绝。同时，"地理围栏"还可以在访客离开允许区域后发出告警信息，并终止无线局域网访问。

基于位置信息的安全技术和用户、移动设备身份识别技术的综合运用，把网络的防护和智能辨认功能提升到更高的层次。"地理围栏"可以创建一个伴随每一个移动设备移动的客户化的无形围栏，使网络管理员能够确保每一个设备仅能访问网络上被授权的区域和资源。

GNSS 应用于应急救援领域

1. 系统概述

系统根据应急救援的业务特点，结合目前汽车逐渐普及以及汽车销售企业售后服务意识逐渐增强的趋势，建立一套应急救援辅助平台系统，提高应急救援的效率和质量。系统利用 GNSS 定位等多种方式，对救援目标车辆和人员进行快速定位，并利用动态交通信息和命令式导航系统实现救援车辆的调度和指挥，通过专业车辆救援企业呼叫中心与 110、119、120 等通过应急呼叫中心的结合达到一点触发，多方救援的目标。

2. 应用模式

系统应用模式如图，当车辆发生事故或意外时，车主可以直接拨打救援中心电话请求救援；救援中心接到电话，根据车辆位置，按就近、属地管理等原则派遣最合适的救援车辆赶往现场；如果需要 120 等急救车辆，救援中心将直接通过系统向 120 发出

北斗系统用于应急救援的应用模式方案

请求，并将位置传给 120 系统，之后救援车辆和 120 救护车分别赶往救援目标位置。

3. 系统结构

GNSS 应急救援系统包括基础网络车辆救援综合数据库以及基础 GIS 引擎、定位网关、工作流引擎等基础支撑，系统应用功能主要包括呼叫中心、救援任务受理、任务分派处理、费用结算评价、对外接口等部分。系统终端包括普通手机、智能手机、导航仪和 GNSS 接收终端。

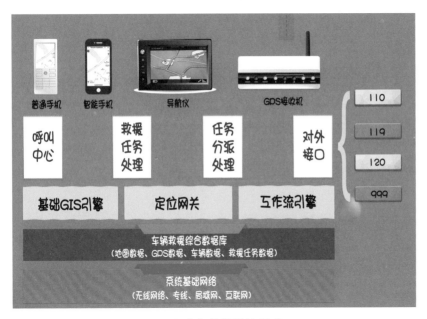

GNSS 应急救援系统组成

4. 系统功能

（1）救援呼叫受理：个人手机用户通过手机向位置服务平台发送位置查询请求，系统支持短信、WAP、终端程序等多种访问方式。服务端通过位置查找和地理编码匹配生成地图信息和文字说明信息，根据请求方式不同通过相应的协议传输到手机用户终端。

（2）救援任务分派：救援任务分派是根据救援目标车辆位置，按就近优先原则、属地优先原则、移动空闲车辆优先原则进

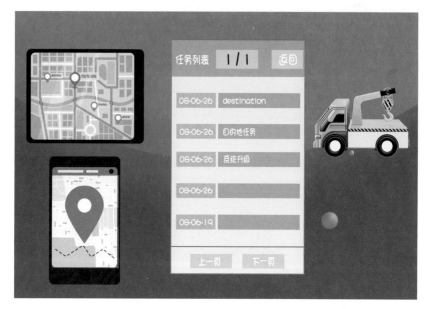

救援车辆目标导航系统

行车辆的派遣和调度，直接将救援目标车辆的位置发送到救援车辆的导航终端。

（3）救援车辆目标导航：救援车辆目标导航是系统利用无线网络将需要救援的车辆位置下发到救援车辆的导航终端设备上，在救援车辆上可以直接根据任务位置进行导航，并可以通过导航系统查看实时交通信息。

GNSS 应用于公共安全的其他方面

1. 公安遥感监测

通过建立该平台，实现公安高分辨率重要地区遥感监测，用于发现毒品源和制毒工厂等应用，主要包括遥感处理子系统、安全子系统、信息交换子系统、数据管理子系统和多源跨警种信息协同分析子系统。

2. 应急通信系统

解决我国局部地区遭受到严重自然灾害或发生重大突发事件

时，能够快速部署、及时建立卫星星地链路，以保障地面通信链路严重受损情况下的信息畅通，满足国家应急体系的通信需求。

3.防灾减灾系统

利用地面导航、通信，天基无人机遥感系统，空基导航定位、遥感、通信卫星，建设天空地一体化的减灾监测系统；同时利用地面通信网络、卫星通信网络形成减灾信息的实时传输网络，实现灾情快速调查，为国家防灾减灾提供全面的技术支撑。

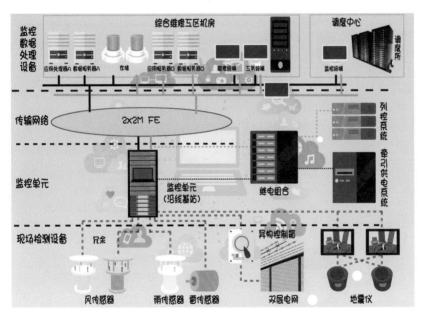

GNSS 防灾减灾系统组成

4.遥感减灾应用

通过建立遥感数据处理服务平台，实现数据处理，灾害预警、监测与评估信息服务运行管理，并实现对灾情研判、灾害预警预报、灾情评估和减灾应用产品的检验与评价，实现减灾应用的流程管理以及减灾业务的观测需求的管理、任务调度管理、数据库设计建设与动态定制、数据资源智能管理服务以及运行信息可视化功能。

5. 灾害医疗服务

综合应用卫星通信、卫星导航技术、云计算技术，构建重大灾害医学救援卫星综合应用信息服务平台，为重大灾害医学救援提供救援方案辅助制定服务、现场医疗救治服务和医疗资源应急指挥调度服务。通过卫星应用技术，提供医疗资源位置服务，快速建立通信链路，辅助医学救援决策和现场救治。

6. 无人机安防应用

针对安防监测在灵活性、实时性、应急性方面的需求，通过无人机系统、GNSS 终端、单兵侦察系统、卫星通信系统、无线3G 通信系统、警用数字集群等，结合监测数据实时智能化处理，建立立体化安防应急监测网络。

安防专用无人机

7. 无人机缉毒应用

无人机系统可用于公安系统反恐和毒品源监控应用，这种系统包括无人机平台、载荷系统和数据处理系统。合肥某智能无人机公司有一款机型：赛鹰110—电动型三角翼无人机，与其他无人机相比，这款电动型三角翼无人机显得十分小巧。据介绍，这款无人机机体采用复合材料工艺制作，在保证飞机的整体强度的同时，夹层采用的航空蜂窝纤维复合材料大大降低了机体的自身重量，也提高了飞行的性能要求。

正是这样"小巧"的身型，使得它具备特殊本领。它最高时速可达 90 km/h，飞行最高高度达到 5 000 m。除了机身小巧外，这款飞机起降灵活，采用全自动弹射起飞，无需操控手，而且它对降落的场地没有要求，可以通过降落伞随时随地降落。

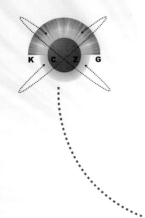

测绘应用

当前常规测绘仪器的市场吸引力减弱，大有被高精度 GNSS 测绘产品取代的趋势。GNSS 系统工程不断与传统产业进行信息化融合，并向外拓展出多种应用，未来成熟市场化的 GNSS 系统工程产品是产业提速的发动机，并成为 GNSS 产业专业应用市场的主导。连续运行参考站（CORS）市场广阔，新型的测绘服务运营模式应运而生。专业测绘产品品质与符合专业用户和消费用户需求的 GIS 数据采集器将在价格驱动、技术驱动和产品驱动下呈现爆发性地增长，未来市场潜力无限。

精密单点定位（PPP）

基本原理

所谓的精密单点定位指的是利用全球若干地面跟踪站的 GNSS 观测数据计算出的精密卫星轨道和卫星钟差，对单台 GNSS 接收机所采集的相位和伪距观测值进行定位解算。利用这种预报的 GNSS 的精密星历或事后的精密星历作为已知坐标起算数据；同时利用某种方式得到的精密卫星钟差来替代用户 GNSS 定位观测值方程中的卫星钟差参数；用户利用单台 GNSS 双频双码接收机的观测数据在数千万平方公里乃至全球范围内的任意位置都可以达到 2～4 dm 级的精度，进行实时动态定位或 2～4 cm 级的精度进行较快速的静态定位。精密单点定位技术是实现全球精密实时动态定位与导航的关键技术，也是 GNSS 定位方面的前沿研究方向。

GNSS 精密单点定位一般采用单台双频 GNSS 接收机，利用 IGS 提供的精密星历和卫星钟差，基于载波相位观测值进行高精度定位。所解算出来的坐标和使用的 IGS 精密星历的坐标框架（即国际大地参考框架 ITRF 系列）一致。而不是常用的 WGS-84 坐标系统下的坐标，也不是北斗系统采用的 CGCS2000

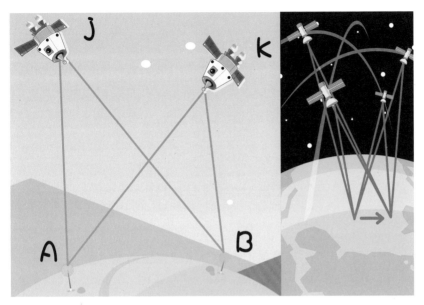

GNSS 差分增强原理示意图

坐标框架，因此 IGS 精密星历与 GNSS 广播星历所对应的参考框架不同。

差分 GNSS 是利用基准站（设在坐标精确已知的点上）测定具有空间相关性的误差或其对测量定位结果的影响，供流动站改正其测量值或定位结果。差分改正数的类型包括距离改正数，位置（坐标）改正数和观测量改正数。

主要误差源及改正模型

在精密单点定位中，影响其定位结果的主要的误差包括：与卫星有关的误差（卫星钟差、卫星轨道误差、相对论效应）；与接收机和测站有关的误差（接收机钟差、接收机天线相位误差、地球潮汐、地球自转等）；与信号传播有关的误差（对流层延迟误差、电离层延迟误差和多路径效应）。由于精密单点定位没有使用双差分观测值，很多的误差没有消除或削弱，所以必须组成各项误差估计方程来消除粗差。有两种方法来解决：① 对于可

以精确模型化的误差，采用模型改正；② 对于不可以精确模型化的误差，加入参数估计或者使用组合观测值。如双频观测值组合，消除电离层延迟；不同类型观测值的组合，不但消除电离层延迟，也消除了卫星钟差、接收机钟差；不同类型的单频观测值之间的线性组合消除了伪距测量的噪声，当然观测时间要足够的长，才能保证精度。

实时 PPP 网络介绍——StarFire

StarFire 是一个全球 GNSS 差分网络，能为世界上任何位置的用户提供可靠的，史无前例的分米级定位精度。由于广域差分 GNSS 修正系统通过 Inmarsat 地球同步通信卫星作为通信链路，所以用户不用搭建本地参考站或数据后处理，就可获得很高的精度。此外，由于采用覆盖全球的地球同步卫星作为差分通信链路，在地球表面从北纬 75° 到南纬 75° 都可获得相同的精度。

StarFire 系统由 GNSS 卫星星座，L 波段通信卫星，和一个分布在世界各地的参考站网络组成，并由该系统提供实时的高精度定位信息。为提供这一独特定位服务，StarFire 搭建了一个全球双频参考站网络，这些参考站不断地接收来自 GNSS 卫星信号。参考站接收的信号被传送到分别位于 California, Torrance 和位于 Illinois, Moline 的网络处理中心，并在这两处生成差分改正信息。上述两处网络处理中心的差分信息，通过独立的通信链路，被传送到卫星上行链路站。这些站分别位于加拿大的 Laurentides，英格兰的 Goonhilly 和新西兰的 Aucklang。在这些卫星上行链路站，修正信号被上传给地球同步通信卫星。

实时 PPP 工作流程

StarFire^{TM} 系统之所以方便地实现高精度定位，关键在于 GNSS 修正源。GNSS 卫星在两个 L 波段上传输导航数据。各个

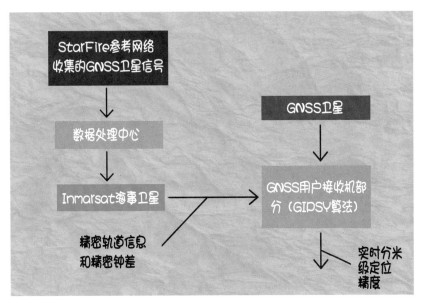

StarFire 差分工作原理

参考站都装有测量级的双频接收机。这些参考站的接收机解码 GNSS 信号并将高质量的双频伪距和载波相位测量数据，连同所有 GNSS 卫星都广播的数据信息，发送回网络处理中心。在网络处理中心，利用专有差分处理技术，生成实时 GNSS 卫星星座的精密轨道信息和星钟改正数据。该专有广域算法，优化了双频系统。在双频系统中，参考站接收机和用户接收机都能使用双频电离层测量数据。正因为在参考站和用户端都使用双频接收机，连同先进的数据处理算法，才使得系统实现高精度成为可能。

计算出改正数据只是精密单点定位的第一步，而后需要将网络处理中心的差分改正数据传送至陆地地球站（LES），以便在那里将数据上传给 L 波段通信卫星。上行站装配有差分信号调制设备，该调制设备作为卫星发射器的接口，将改正数据流上传给通信卫星，并由通信卫星广播给覆盖地区。每个 L 波段卫星所覆盖的地球表面积都超过 1/3。

用户的 C-Nav 精确 GNSS 接收机，事实上有两个接收机，一个 GNSS 接收机和一个 L 波段通信接收机，两接收机都是专为

该系统设计的。系统中，GNSS 接收机跟踪所有的可视卫星，并计算伪距测量数据。与此同时，L 波段接收机接收由 L 波段通信卫信播发的改正信息。将改正信息应用于 GNSS 测量数据，就生成了精确的定位测量。

实时动态差分（RTK）

实时动态差分法是一种新的常用的 GNSS 测量方法，以前的静态、快速静态、动态测量都需要事后进行解算才能获得厘米级的精度，而 RTK 是能够在野外实时得到厘米级定位精度的测量方法。它采用了载波相位动态实时差分方法，是 GNSS 应用的重大里程碑，它的出现为工程放样、地形测图，各种控制测量带来了新曙光，极大地提高了外业作业效率。

工作原理

RTK 的工作原理是将一台接收机置于基准站上，另一台或几台接收机置于载体（称为流动站）上，基准站和流动站同时接收同一时间、同一组 GNSS 卫星发射的信号，基准站所获得的观测值与已知位置信息进行比较，得到 GNSS 差分改正值。然后将这个改正值通过无线电数据链电台及时传递给共视卫星的流动站，精化其 GNSS 观测值，从而得到经差分改正后流动站较准确的实时位置。

差分的数据类型有伪距差分、坐标差分（位置差分）和载波相位差分三类。前两类定位误差的相关性，会随基准站与流动站的空间距离的增加而迅速降低。传统 RTK 的数据链通讯方式有两种模式：电台模式和网络模式。电台模式采用 UHF（Ultra High Frequency，超高频率，频率 300～300 000 MHz，属微波，波长 1 mm 至 1 m，空间波，小容量微波中继通信），中心频率在 410～430 MHz/450～470 MHz；也 可 采 用 VHF（Very High Frequency，甚高频，3～30 MHz，属短波，波长 10～100 m，空间波），中心频率在 220～240 MHz。网络模式采用的 GPRS 是在现有的 GSM 系统上发展出来的一种新的分组数据承载业务；网络模式也可采用 CDMA 码分多址数字无线技术。

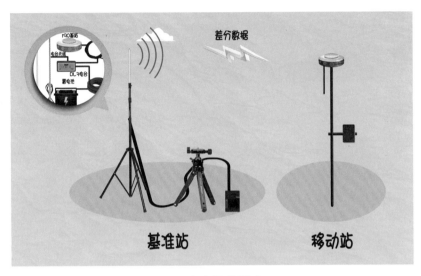

RTK 电台通信模式

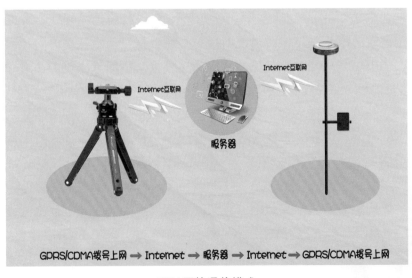

RTK 网络通信模式

1. 电台模式的特点

（1）作业距离一般为 0～28 km，特别的山区或城区传播距离会受到影响。

（2）电台信号容易受干扰，所以要远离大功率干扰源。

（3）电台的架设对环境有非常高的要求，一般选在比较空旷的地区，周围没有遮挡，基站架设得越高越好。

（4）对于电瓶的电量要求较高，出外业之前电瓶一定要充满或有足够的电量。

2. 网络模式的特点

（1）作业距离远。

（2）携带方便。

（3）容易造成差分数据延迟 2～5 s。

（4）在没有手机信号的地方无法使用。

（5）需要一定的费用，手机卡一般一个月都要流量费 100～200 元。

关键技术

RTK 技术的关键在于数据处理技术和数据传输技术，RTK 定位时要求基准站接收机实时地把观测数据（伪距观测值，相位观测值）及已知数据传输给流动站接收机，数据量比较大，一般都要求 9 600 bit/s，这在无线电上不难实现。

随着科学技术的不断发展，RTK 技术已由传统的 1+1 或 1+2 发展到了广域差分系统，有些城市建立起 CORS 系统，这就大大提高了 RTK 的测量范围，当然在数据传输方面也有了长足的进展，电台传输发展到现在的 GPRS 和 GSM 网络传输，大大提高了数据的传输效率和范围。在仪器方面，不仅精度高而且比传统的 RTK 更简洁、容易操作。

传统 RTK 的局限性

传统 RTK 技术有着一定局限性，使得其在应用中受到限制，主要表现为：

（1）用户需要架设本地的参考站。

（2）误差随距离增长。

（3）误差增长使流动站和参考站距离受到限制，距离越远初始化时间越长。

（4）可靠性和可行性随距离降低。

网络 RTK

网络 RTK 技术实际上是一种多基站技术，它在处理上利用了多个参考站的联合数据。该系统不仅仅是 GNSS 产品，而是集

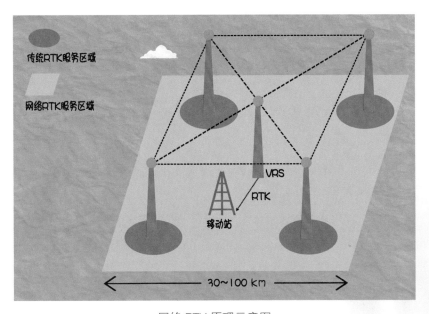

网络 RTK 原理示意图

Internet 技术、无线通信技术、计算机网络管理和 GNSS 定位技术于一身的系统，包括通信控制中心、固定站和用户部分。

工作原理

　　网络 RTK 也称基准站 RTK，是近年来在常规 RTK 和差分 GNSS 的基础上建立起来的一种新技术，目前尚处于试验、发展阶段。我们通常把在一个区域内建立多个（一般为 3 个或 3 个以上）GNSS 参考站，对该区域构成网状覆盖，并以这些基准站中的一个或多个为基准计算和发播 GNSS 改正信息，从而对该地区内的 GNSS 用户进行实时改正的定位方式称为 GNSS 网络 RTK，又称为多基准站 RTK。

　　它的基本原理是在一个较大的区域内稀疏地、较均匀地布设多个基准站，构成一个基准站网，那么我们就能借鉴广域差分 GNSS 和具有多个基准站的局域差分 GNSS 中的基本原理和方法来设法消除或削弱各种系统误差的影响，获得高精度的定位结果。

　　网络 RTK 是由基准站网、数据处理中心和数据通信线路组成的。基准站上应配备双频全波长 GNSS 接收机，该接收机最好能同时提供精确的双频伪距观测值。基准站的站坐标应精确已知，其坐标可采用长时间 GNSS 静态相对定位等方法来确定。此外，这些站还应配备数据通信设备及气象仪器等。基准站应按规定的采样率进行连续观测，并通过数据通信链路实时将观测资料传送给数据处理中心。数据处理中心根据流动站送来的近似坐标（可据伪距法单点定位求得）判断出该站位于由哪三个基准站所组成的三角形内。然后根据这三个基准站的观测资料求出流动站处所受到的系统误差，并播发给流动用户来进行修正，以获得精确的结果。有必要时可将上述过程迭代一次。基准站与数据处理中心间的数据通信可采用数字数据网 DON 或无线通信等方法进行；流动站和数据处理中心间的双向数据通信则可通过移动电活

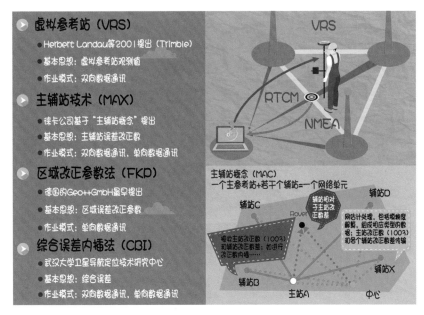

网络 RTK 技术

GSM 等方式进行。

网络 RTK 优势

传统 RTK 技术是一种对动态用户进行实时相对定位的技术，该技术也可用于快速静态定位。进行常规 RTK 工作时，基准站需将自己所获得的载波相位观测值（最好加上测码伪距观测值）及站坐标，通过数据通信链实时播发给在其周围工作的动态用户。于是这些动态用户就能依据自己获得的相同历元的载波相位观测值（最好加上测码伪距观测值）和广播星历进行实时相对定位，并进而根据基准站的站坐标求得自己的瞬时位置。为消除卫星钟和接收机钟的钟差，削弱卫星星历误差、电离层延迟误差和对流层延迟误差的影响，在 RTK 中通常都采用双差观测值。

传统 RTK 是建立在流动站与基准站误差强相关这一假设的基础上的。当流动站离基准站较近（例如不超过 10～15 km）

时，上述假设一般均能较好地成立，此时利用一个或数个历元的观测资料即可获得厘米级精度的定位结果。然而随着流动站和基准站间间距的增加，这种误差相关性将变得越来越差。当流动站和基准站间的距离大于 50 km 时，常规 RTK 的单历元解一般只能达到分米级的精度。在这种情况下为了获得高精度的定位结果就必须采取一些特殊的方法和措施，于是网络 RTK 技术便应运而生了。目前网络 RTK 大体采用线性组合法、内插法及虚拟站等方法进行。总结起来，网络 RTK 相比传统 RTK 有以下几个方面的优势：

（1）无需架设参考站，省去了野外工作中的值守人员和架设参考站的时间，降低了作业成本，提高了生产效率。

（2）传统"1+1"GNSS 接收机真正等于 2，生产效率双倍提高。

（3）不需要在四处找控制点。

（4）扩大了作业半径，网络覆盖范围内能够得到均等的精度。

（5）在 CORS 覆盖区域内，能够实现测绘系统和定位精度的统一，便于测量成果的系统转换和多用途处理。

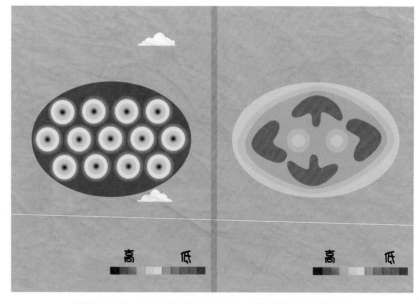

网络 RTK（右）与传统 RTK（左）差分精度效果对比

CORS 系统

连续运行参考站（CORS）也称为台站网，可定义为：一个或若干个固定的、连续运行的 GNSS 参考站，利用现代计算机、数据通信和互联网（LAN/WAN）技术组成的网络，实时地向不同类型、不同需求、不同层次的用户自动地提供经过检验的不同类型的 GNSS 观测值（载波相位，伪距），各种改正数、状态信息，以及其他有关 GNSS 服务项目的系统。

目前，国内外 CORS 的研究主要集中在基础设施建设、系统自动化管理、数据采集域分发、基于网络的 GNSS 定位技术的开发等方面。先后出现了大量的 CORS 工程项目。

1. 代表性的全球项目

（1）IGS（International GNSS Service）跟踪站网络。

（2）美国 NGS（National Geodetic Survey）CORS。

（3）欧洲 EPN（EUREF Permanent Network）永久性连续网。

2. 国内主要项目

（1）中国地壳运动观测网络 CMONOC（Crustal Movement Observation Network Of China）。

（2）中国沿海无线电指向标—差分定位系统（RBN-DGPS）。

完整的 CORS 系统由参考站、控制中心和用户组成，其结构原理如图所示。

CORS 的建立可以大大提高测绘的速度与效率，降低测绘劳动强度和成本，省去测量标志保护与修复的费用，节省各项测绘工程实施过程中约 30% 的控制测量费用。由于城市建设速度加快，对 GPS-C、D、E 级控制点破坏较大，一般在 5～8 年需重新布设，至于在路面的图根控制更不用说，一二年就基本没有了，各测绘单位不是花大量的人力重新布设，就是仍以支站方式，这不但保证不了精度，还造成了人力、物力、财力的大量浪费。随着 CORS 基站的建设和连续运行，就形成了一个以永久基

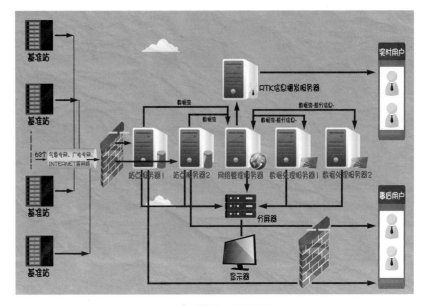

CORS 系统组成原理图

站为控制点的网络。所以，可以利用已建成的 CORS 系统对外开发使用，收取一定的费用，收费标准可以根据各地的投入和实际情况制定，当然这一点上更多的是社会效益。

CORS 系统可以对工程建设进行实时、有效、长期的变形监测，对灾害进行快速预报。CORS 项目的完成将为城市诸多领域如气象、车船导航定位、物体跟踪、公安消防、测绘、GIS 应用等提供精度达厘米级的动态实时 GNSS 定位服务，将极大地加快该城市基础地理信息的建设。

此外，CORS 系统还是城市信息化的重要组成部分，并由此建立起城市空间基础设施的三维、动态、地心坐标参考框架，从而从实时的空间位置信息面上实现城市真正的数字化。CORS 建成能使更多的部门和更多的人使用 GNSS 高精度服务，它必将在城市经济建设中发挥重要作用。由此带给城市巨大的社会效益和经济效益是不可估量的，它将为城市进一步提供良好的建设和投资环境。

CORS 应用系统包括用户信息接收系统、网络型 RTK 定位系统、事后和快速精密定位系统以及自主式导航系统和监控定位系统等。按照应用的精度不同，用户服务子系统可以分为毫米级用户系统、厘米级用户系统、分米级用户系统、米级用户系统等；而按照用户的应用不同，可以分为测绘与工程用户（厘米、分米级）、车辆导航与定位用户（米级）、高精度用户（事后处理）、气象用户等几类。

CORS 系统彻底改变了传统 RTK 测量作业方式，其主要优势体现在：

（1）改进了初始化时间、扩大了有效工作的范围。

（2）采用连续基站，用户随时可以观测，使用方便，提高了工作效率。

（3）拥有完善的数据监控系统，可以有效地消除系统误差和周跳，增强差分作业的可靠性。

（4）用户不需架设参考站，真正实现单机作业，减少了费用。

（5）使用固定可靠的数据链通信方式，减少了噪声干扰。

（6）提供远程 internet 服务，实现了数据的共享。

（7）扩大了 GNSS 在动态领域的应用范围，更有利于车辆、飞机和船舶的精密导航。

（8）为建设数字化城市提供了新的契机。

CORS 系统不仅仅是一个动态的、连续的定位框架基准，同时也是快速、高精度获取空间数据和地理特征的重要的城市基础设施，CORS 可在城市区域内向大量用户同时提供高精度、高可靠性、实时的定位信息，并实现城市测绘数据的完整统一，这将对现代城市基础地理信息系统的采集与应用体系产生深远的影响。它不仅可以建立和维持城市测绘的基准框架，更可以全自动、全天候、实时提供高精度空间和时间信息，成为区域规划、管理和决策的基础。该系统还能提供差分定位信息，开拓交通导航的新应用，并能提供高精度、高时空分辨率、全天候、近实时、连续的可降水汽量变化序列，并由此逐步形成地区灾害性天气监测预报系统。此外，CORS 系统可用于通信系统和电力系统中高精度的时间同步，并能就地面沉降、地质灾害、地震等提供

监测预报服务、研究探讨灾害时空演化过程。

深圳市在多年前就率先建立了连续运行参考站系统（SZCORS），并且开始全面的测量应用。近几年来，全国许多省、市也先后建成或正在建立类似的省、市级基于北斗的 CORS 系统，如：广东省、江苏省、北京市、天津市、上海市、重庆市以及广东省广州市、广东省东莞市、四川省成都市、湖北省武汉市、云南省昆明市、山东省青岛市等，几乎已达到普及的程度。

四川地震局建立的 CDCORS，已经运行 3 年多，原本主要目的是用来做监控四川地区地震灾害，但是通过对其潜在功能的挖掘，在北斗卫星导航系统大地测量方面开发利用，通过授权拨号登录，对外开放网络使用权，实现用户北斗卫星导航系统实时高精度差分定位，取得了一定的收益。四川省现已启动建设全省北斗卫星导航系统 CORS 站网。

除政府基础性的建设应用外，CORS 系统在商业领域的应用也进入实际操作阶段，星唯信息科技基于 CORS 技术打造的港口运输车辆高精度定位系统，已能有效解决港口车辆物流高密度高流动性导致的定位不准、调度不力等问题。

地理信息系统（GIS）

地理信息系统有时又称为"地学信息系统"，是一种特定的十分重要的空间信息系统。它是在计算机硬、软件系统支持下，对整个或部分地球表层（包括大气层）空间中的有关地理分布数据进行采集、储存、管理、运算、分析、显示和描述的技术系统。它是一个获取、存储、编辑、处理、分析和显示地理数据的空间信息系统，其核心是用计算机来处理和分析地理信息。地理信息系统软件技术是一类军民两用技术，不仅应用于军事领域、资源调查、环境评估等方面，也应用于地域规划、公共设施管理、交通、电信、城市建设、能源、电力、农业等国民经济的重

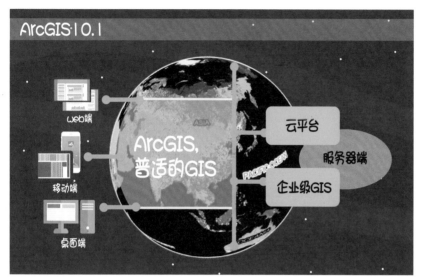

电子标识编号：CA330000000606704690008　　国家测绘地理信息局　监制

地理信息系统基本组成

要部分。比如，基于 GIS 平台的 120 医疗急救指挥信息系统，就可以利用 GIS 技术定位呼救点，自动标注发病地点以及会面地点，并按照距离远近推荐 5 个就诊医院。

GIS 有三个典型特点：

（1）具有采集、管理、分析和输出多种地理实间信息的能力，具有空间性和动态性。

（2）以地理研究和地理决策为目的，以地理模型方法为手段，具有区域空间分析、多要素综合分析和动态预测能力，产生高层次的地理信息。

（3）由计算机系统支持进行空间地理数据管理，并由计算机程序模拟常规的或专门的地理分析方法，作用于空间数据，产生有用信息，完成人类难以完成的任务。

GIS 的组成

GIS 可以分为以下 5 个部分：

（1）人员。人员是 GIS 中最重要的组成部分。开发人员必须定义 GIS 中被执行的各种任务，开发处理程序。熟练的操作人员通常可以克服 GIS 软件功能的不足，但是相反的情况就不成立。最好的软件也无法弥补操作人员对 GIS 的一无所知所带来的副作用。

（2）数据。精确的可用的数据可以影响到查询和分析的结果。

（3）硬件。硬件的性能影响到软件对数据的处理速度、使用是否方便及可能的输出方式。

（4）软件。不仅包含 GIS 软件，还包括各种数据库、绘图、统计、影像处理及其他程序。

（5）过程。GIS 要求明确定义，一致的方法来生成正确的可验证的结果。

GIS 关键技术

地理信息系统是一门综合性学科，结合地理学与地图学以及遥感和计算机科学，已经广泛地应用在不同的领域，是用于输入、存储、查询、分析和显示地理数据的计算机系统。GIS 是一种基于计算机的工具，它可以对空间信息进行分析和处理。简而言之，它可以对地球上存在的现象和发生的事件进行成图和分析。GIS 技术把地图这种独特的视觉化效果和地理分析功能与一般的数据库操作（例如查询和统计分析等）集成在一起。GIS 与其他信息系统最大的区别是对空间信息的存储管理分析，从而使其在广泛的公众和个人企事业单位中解释事件、预测结果、规划战略等中具有实用价值。

GIS 属于信息系统的一类，特别之处在于它能运作和处理地理参照数据。地理参照数据描述地球表面（包括大气层和较浅的地表下空间）空间要素的位置和属性，在 GIS 中的两种地理数据成分：一种是空间数据，与空间要素几何特性有关；另一种是属性数据，提供空间要素的信息。

GIS 与 GNSS、遥感系统合称 3S 系统。它是一种具有信息系统空间专业形式的数据管理系统。在严格的意义上，这是一个具有集中、存储、操作和显示地理参考信息的计算机系统。例如，根据在数据库中的位置对数据进行识别。通常也认为整个 GIS 系统包括操作人员以及输入系统的数据。

GIS 技术能够应用于科学调查、资源管理、财产管理、发展规划、绘图和路线规划。例如，一个 GIS 能使应急计划者在自然灾害的情况下较易地计算出应急反应时间，或利用 GIS 系统来发现那些需要保护不受污染的湿地。

GIS 产品的应用

1. 获取空间数据

根据用户对定位精度和地图比例尺的不同，客户可以选用米级、亚米级和厘米级的 GNSS 产品。用户难以从现有的渠道获得能满足工作要求的所有的地理位置，就需要通过现场去采集一些特定的位置信息，所以大部分 GIS 用户都有购买 GNSS 定位服务的需求。

2. 绘制地图

GIS 系统工作都是建立在电子地图的基础之上，如果电子地图本身就不正确或不全面，将严重影响用户的决策，甚至做出错误的决策。GNSS 恰是一种非常适合和经济的绘图工具，用户在用电子地图检验 GNSS 的精度时，更应该用 GNSS 去检验 GIS 系统中使用的地图是否正确。对于一些新出现的变化，更应该用 GNSS 去定位。

3. 修正错误的坐标信息

用户现有的空间数据库中可能存在大量的错误数据或精度不够准确的坐标位置，这些坐标信息在 GIS 系统中无法反映现实情况，需要用精度相当的 GNSS 进行修正。

4. 巡检

有些户外资产或基础设施容易受到城市建设、工程施工、人

为的破坏，这些情况也需要更新 GIS 系统数据库。用户需要经常去巡视这些地方，需要用 GNSS 记录相应的地理位置。

5. 位置跟踪

有些位置变化是动态的，需要用 GNSS 定位及时反映物体的运动轨迹，实时更新数据库，为预测、决策提供科学的证据。

6. 位置变更定位

当 GIS 空间数据库的位置发生改变之后，需要用 GNSS 对新的位置重新定位。

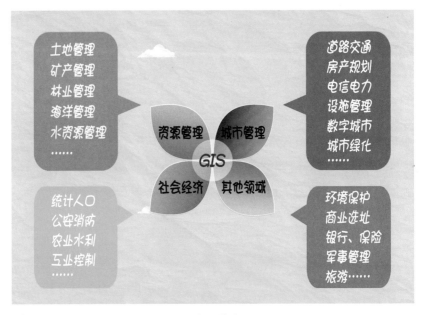

GIS 产品的应用

GIS 软件

GIS 软件是能提供存储、显示、分析地理数据功能的软件，主要包括数据输入与编辑、数据管理、数据操作以及数据显示和输出等功能。作为获取、处理、管理和分析地理空间数据的重要工具，GIS 软件得到了广泛关注和迅猛发展。目前，市场上常见

软件名称	开发公司
ArcGIS	ESRI
MapGIS	中地数码
SuperMap	超图软件
ConverseEarth	中天灏景
GeoStar	武大吉奥
EV-Globe	北京国遥
TerraMAP	天拓博来
Thgis	图杭软件
Geoconcept	GEOCONCEPT Group

国内外常见 GIS 软件列表

的 GIS 软件如图所示。

　　GIS 软件的选型，直接影响其他软件的选择，影响系统解决方案，也影响着系统建设周期和效益。所以在选择 GIS 软件时要慎重。

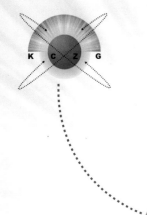

农业应用

北斗服务于农业生产中有多个层次：首先可以高效地辅助人们管理和调度农机，进一步发展后可支持农机的自动驾驶和自动播种，随后还支持无人机植保作业；在建设完成农场专用的CORS系统后，在电脑或 iPad 终端一键完成农场精准作业流程也不再只是梦想。

北斗实现农机的管理和调度

农机自动定位与轨迹查询

采用北斗定位终端，结合多个高精度传感器，可以实现对农机的自动管理和调度。农机自动定位要求能够实时跟踪监控农机的位置，随时了解农机的状态；宏观上统计所在行政区划（省、

农机位置信息雷达显示

市、自治区、区县）内的农机动态分布，从而根据作业时节分析农机使用效率、农机耕作情况等。农机上安装的 GNSS 终端设备获得位置相关的数据，再通过 GPRS 链路将农机的地理位置、行驶状态、速度、方向、基站信息等数据传送至服务器，经过后台的数据校准系统核对后把这些数据显示到平台中并在地图上描绘农机的实时位置。

地图中每一个气泡代表一台农机，农机位置会实时更新。蓝色气泡代表启动的农机、绿色气泡代表 72 小时内启动过的农机、灰色气泡代表农闲在库的农机、红色气泡代表省外作业的农机。

另外，基于北斗的农机管理调度系统还支持农机轨迹的追踪，掌握农机的实时行驶轨迹或查询农机的历史行驶轨迹。通过轨迹分析，可详细了解农机的作业情况，计算作业面积及地块信息。系统将农机定位的数据加以描绘形成轨迹，轨迹既可以一次性描绘从而展示整体的行驶作业情况，亦可以逐点、跨点播放从而模拟当时的行驶路程。

农机图像信息采集

1. 功能描述

对前方启动的农机进行图像实时获取，可有效了解农机的作业类型、挂载的机具、土地天气情况等信息。这已成为实时监控的有力措施和面积测算的必要手段。

2. 功能实现

当农机处于启动状态，平台操作人员可通过设备终端的摄像模块进行实时拍照。利用设备的 GSM 网络将图像传至图像服务器，如信号不稳定致使图像传送失败，设备将自动储存图像，待信号通畅时延时发送至图像服务器。图像服务器将每一台农机上传的每一张图像进行储存，以供客户调用查看及其他功能（作业统计等）的调用。

摄像头采集到的图像

农机耕作面积计算

1. 功能描述

通过系统对农机作业进行自动监控与跟踪，系统将自动计算出每一台农机每一天耕作的面积。在此基础上可以按照任意时间段，任意车数进行分类统计。此项功能对农机合作社的经营管理、农业单位的决策监督提供重要参考，体现了农业信息化的先进之处。

2. 功能实现

系统通过获取的农机轨迹定位数据、农机图像信息，结合基于时间序列统计数据分析和单元积分逼近算法的农机作业面积计算方法，精确地计算出农机实际的耕作面积。其工作原理类似于测亩仪，但精度要更高并且可以通过相应算法刨除农机非耕作行驶轨迹的干扰因素，同时又结合图像信息提供的农机、土地天气情况等信息进行更精确的分类计算。

农机深松作业探测

1. 功能描述

深松是疏松土层而不翻转土层，保持原土层不乱的一种土壤耕作法，不打乱土层，既能使土层上部保持一定的坚实度，减少多次耕翻对团粒结构的不良影响，还可以打破铧式犁形成的平板犁底层。智能深松作业探测是专为深松作业开发的功能，可以自动准确的探测深松作业的深度是否达标。工作方式上的全自动有别于以往的人工探测，极大地节省了人力物力。

2. 功能实现

根据农机设备上安装的多源传感器，将农机动力扭矩等相关数据上传至服务器，系统根据以上数据结合深松作业发生时节来判断农机是否处于深松作业状态。如农机正在进行深松作业将自

农业深松作业探测系统监测界面

农业深松作业系统管理后台

动开启图像获取功能，系统根据智能图像识别系统，结合土质的湿度、黏度，根据特定的算法计算深松作业的深度，并在作业结束后计算作业面积。

"自动驾驶导航"在农机上变成现实

北斗卫星导航自动驾驶系统将北斗卫星导航高精度定位技术与车辆自动驾驶技术相结合，通过精确测量车辆的位置、航向和姿态，自动控制车辆转向角度，引导车辆根据事先设定的路线，严格地沿直线、圆周或者任意设定的路线行驶。

"自动驾驶导航"的优势

北斗卫星导航自动驾驶系统将精准化作业引入农业生产中，帮助农业实现增产，降低成本投入，提高农民收入，具体优势表现如下：

（1）增加有效耕地面积。使用自动驾驶系统进行农田的起垄或播种作业，农机车辆严格按照直线或者设定的曲线路线行驶，结合线整齐，减少了土地的浪费，增加了有效耕地面积5%以上。

（2）耕种株距均匀，提高产量。使用自动驾驶系统进行农田的起垄和播种作业，种植作物株距均匀，利于作物生长、通风，以及水分和养分的吸收，能够为农作物提供最佳的生长空间，有利于提高农作物的产量。

（3）无重播漏播，省时省油。使用自动驾驶系统整地、翻地和起垄作业，无论采用直线行驶还是曲线行驶，自动驾驶系统都能自动对齐作业结合线，不会出现同一块地重复作业，也不会在中间出现遗漏。即使在车速较快的情况下，仍然能够保持厘米级的作业误差。保证了最短的作业时间，最短的车辆行驶距离，从而大大节省了时间和燃油的消耗。

（4）自动驾驶，新手也能驾驶自如。在未使用自动驾驶系统之前，起垄和播种作业要借助划印器的帮助，对驾驶员操作水平要求很高。使用自动驾驶系统后，驾驶员只需要负责车辆掉头和控制油门，车辆能够自动对齐作业结合线，保证了极高的作业精度，新手也能自如的进行起垄和播种作业。

（5）可视化显示，夜间仍可作业。使用自动驾驶系统进行农田作业，无需驾驶员手动控制车辆的方向，可以在驾驶室的显示屏上清楚地看到当前的作业进度，即使在夜间也能自如地进行田间作业，农田作业的效率大大提高了。

"自动驾驶导航"的功能

1. 路径规划

北斗卫星导航自动驾驶系统支持多种复杂形状农田的作业，可根据作业要求选择专门的作业模式，拖拉机沿设定轨迹行驶作业，最大偏差小于 ±2.5 cm。对于智能化作业，该系统还支持自动规划路径，最大限度地为用户节省时间和燃油，提高经济效益。

农机"自动驾驶导航"

2. 变量控制

北斗卫星导航自动驾驶系统的智能流量控制功能，可根据农田地形、作业状态和路径，自动调节播种孔道或喷洒流量，避免漏播，减小重复播种的面积，提高经济收益。与自动路径规划功能结合使用，更能为用户节省燃油和时间。

3. 强大的兼容能力

北斗卫星导航自动驾驶系统兼容性强，采用标准接口，可与多种自动化农具对接。设备安装组件齐全，能够适应多种进口和国产型号的拖拉机、喷洒机和联合收割机，如：Case IH，John Deere，CAT，New Holland，VALTRA，AGCO，AG Chem，Fendt，Deutz，以及大部分国产型号拖拉机。

北斗卫星导航自动驾驶系统

系统构造

北斗卫星导航自动驾驶系统在耕地、播种、喷灌和收割等农机作业应用上，利用高精准自动导航和驾驶功能，实现了农机车辆精密循迹和自动规划，保证了农田可重复性作业，将自动驾驶功能应用到起垄、播种、灌溉、化肥、收割等所有农业作业环节中，切实保证用户在该系统的帮助下获得最大收益。它具有以下特点：

（1）支持接收北斗卫星 B1、B2 信号，GPS 卫星 L1、L2 信号，支持接收 GLONASS 卫星 G1、G2 信号。

（2）支持 RTK 工作模式，实现厘米级导航定位精度。

（3）配备大尺寸，全彩色高亮触控显示屏，触控操作方便灵敏。

（4）支持液压、CAN 总线和机械式多种辅助驾驶控制方式，满足不同车辆安装需求。

（5）模块化系统设计，可以方便地扩展功能和应用。

（6）人性化结构设计，易于安装和拆卸。

（7）标准化接口设计，适用于各种品牌和型号的车辆。

北斗卫星导航自动驾驶系统包含显示屏、ECU 控制器、液压阀和基准站 4 个部分，各部分特点及优势依次介绍如下。

1. STX 显示控制器

显示控制器用于设置车辆作业参数，显示车辆作业状态，保存作业记录，统计并输出显示作业数据。主要特点如下：

（1）抗反射高亮全彩色屏幕，方便用户在各种光线条件下的查看和使用。

（2）大字体大按键设计，操作触控感应灵敏，响应迅速。

（3）支持 USB 接口，方便作业记录的拷贝和系统软件升级。

（4）支持直线、曲线、智能路径自动驾驶等多种模式。

（5）操作步骤简单、易学，使用方便。

（6）外壳设计符合工业要求，抗震、抗冲击性能优良。

2. ECU 主控器

ECU 主控器的主要功能是感知车身姿态，自动控制车辆转向系统，使车辆始终准确地保持沿预定航线行驶，特点如下：

（1）体积小巧，集成多个功能模块，使整个系统结构简洁，安装方便。

（2）内置三轴陀螺仪，比传统陀螺仪更为精确地反映车身姿态，适应丘陵地形的作业环境。

（3）卓越的端口防护性能，避免静电和电流冲击对设备造成的损伤。

（4）外壳结构坚固耐用，符合 IP66 标准设计，适合野外环境作业。

3. 液压阀

北斗卫星导航自动驾驶系统采用全进口液压控制器，能够适配国内外多种品牌和型号的农用机械，体积小巧，方便安装，可靠性高。它的特点是：

（1）高精度液压控制，自动转向角度控制更加及时、准确。

（2）实时液压传感器监控，紧急情况下能够自动退出自动驾驶模式。

（3）严格根据不同车型设计线路和控制方式，对原车线路的改动小，工作效率高。

（4）自动驾驶模式下，不转动方向盘，延长车辆转向系统的使用寿命。

4. 基准站

北斗卫星导航自动驾驶系统的基准站可以为车辆上安装的北斗卫星导航接收机提供 RTK 差分信号，提高车辆定位导航精度，使得车辆行驶路线与预设航线保持一致。特点如下：

（1）电台有效广播距离远，适合大面积农田作业。

（2）体积小，重量轻，拥有便携、固定两种设计方式，既适合随作业车辆携带，又可作为固定基准站使用。

（3）安装架设快速简单，适合单人操作。

（4）防雨、防尘设计，符合 IP66 设计标准，轻松应对各种恶劣野外环境。

系统应用配置

北斗卫星导航自动驾驶系统从使用配置上可分为基准站和流动站两部分，基准站置于作业区域附近某一固定地点，接收北斗卫星导航信号并播发导航卫星 RTK 差分数据；流动站安装在作业农机上（包含显示屏、主控器和液压控制器等），接收 RTK 差分数据进行精确定位，并根据定位信息对农机车辆转向系统进行精准控制，实现农机车辆自动驾驶功能。从使用配置上，该系统可分为便携式基准站和固定式基准站两种配置使用方式。

1. 便携式基准站配置

便携式基准站适合小范围应用，使用时固定在三脚架上，置于作业区域附近较高位置，尽量避免基准站与流动站之间存在遮挡。根据作业农机与基准站之间的最大距离，确定使用基准站内部数传电台（2 W）还是外置电台（35 W）。由于无线通信距离较近，通常为一对一配置使用，购置成本相对较高，适合农机车辆流动作业。

2. 固定式基准站配置

固定式基准站适合较大范围固定区域应用，将固定式基准站发射天线置于发射塔上，发射塔塔高根据要求的作业范围确定，采用外置大功率电台发射信号。由于信号覆盖范围较大，范围内的所有作业农机可以共享一个固定基准站，信号为广播方式发射，没有用户数量限制。该方式通常是在农田集中的区域建设一个固定基准站，多用户共享使用，购置成本相对较低，不能实现跨区作业。

利用北斗卫星导航系统提高农药喷洒效率

无人机喷洒农药

过往的农药喷洒使用传统器械，存在着工作效率低、安全性能差、农药利用率低、防治效果难保证等缺点，与现代农业安全高效的发展极其不适应。采用高精度北斗服务的无人机一个早上可以喷洒 200 亩（1 公顷 =15 亩）地，与传统人工喷洒 3 亩相比，节约了成本，提高了效率，同时也减少了农药的残留污染，真是一举多得。一架无人机装 5 kg 水，可以喷 10 亩，一个早上可以喷到 200 亩，无人机喷施农药和传统人工喷洒的不同是，无人机喷洒方式省时、省人工、省水量，传统喷洒方式需要用到 100 kg

无人机自动植保

水喷1亩田，但是用飞机喷药只要用0.5 kg水可以喷到1亩田了，真正做到省人工、省水量、省农药，并且对田间污染方面也会有一定的改善。

农机喷洒农药

基于高精度北斗位置服务的农机喷洒农药丰富和发展了"农药对靶喷洒"理论及应用新技术。实践证明，使用这项新技术后，可达到"一高一减二省"的目的，"一高"是使农药在作物上有效沉淀率由原来施药方法的30%左右提高到60%以上；"一减"是进入环境的农药量减少1/2，减少环境污染；"二省"一是节省农药50%～90%，二是节省用水90%左右。基于高精度北斗位置服务的农药喷洒可以与以下技术结合，发挥更大潜力。

1. 低容量喷雾技术

低容量喷雾技术是指单位面积上在施药量不变的情况下，将农药原液稍加水稀释后使用，用水量相当常规喷雾技术的1/10～1/5。此技术应用十分简便，只需将常规喷雾机具的大孔径喷片换成孔径0.3 mm的小孔径喷片即可。使用这一技术可大大提高作业效率，减少农药流失，节约大量用水，显著提高防治效果，有效克服了常规喷雾给温室造成的湿害。这一技术，特别适宜温室和缺水的山区应用，深受农民欢迎。

2. 静电喷雾技术

静电喷雾技术是在喷药机具上安装高压静电发生装置，作业时通过高压静电发生装置，使带电喷施的药液雾滴在作物叶片表面沉积量大幅增加，农药的有效利用率可达 90% 以上，从而避免了大量农药无效地进入农田土壤和大气环境而破坏生态环境。

3. "丸粒化"施药技术

"丸粒化"施药技术适用于水田。对于水田使用的水溶性强的农药，采用"丸粒化"施药技术效果良好。只需把加工好的药丸均匀地撒施于农田中便可，比常规施药法可提高工效十几倍，而且没有农药漂移现象，有效防止了作物茎叶遭受药害，而且不污染邻近的作物。

4. 循环喷雾技术

循环喷雾技术是对常规喷雾机进行设计改造，在喷雾部件相对的一侧加装药物回流装置。把没有沉积在靶标植物上的药液收集后抽回到药箱内，使农药能循环利用，可大幅度提高农药的有效利用率，避免农药的无效流失。

5. 药辊涂抹技术

药辊涂抹技术主要适用于防治内吸性除草剂。药液通过药辊（一种利用能吸收药液的泡沫材料做成的摸药溢筒）从药辊表面渗出，药辊只需接触到杂草上部的叶片即可奏效。这种施药方法几乎可使药剂全部施在靶标植物表面，不会发生药液抛洒和滴漏现象，农药利用率可达到 100%。

6. 电子计算机施药技术

在美国等发达国家已经全面推广使用。该技术是将电子计算机控制系统用于果园喷雾机上，该系统通过超声波传感器确定果树形状，使农药喷雾特性始终依据果树形状的变化而自动调节。电子计算机控制系统用于施药，可大大提高作业效率和农药的有效利用率，这一新技术的出现代表了农药使用技术的发展方向。目前，在我国一些科研部门和生产单位已经应用，获得了良好效果。

农机自动植保

以上几种施药新技术，不但防效好、工效高、大大减少了农药使用量，既保护了生态环境，又显示了巨大的经济效益、生态效益和社会效益，具有广阔的应用前景，很值得因地制宜推广应用。

北斗助力"精准农业"

精准农业是一种现代化农业理念，就是将最先进的科技应用于农业生产中，从而达到科学合理利用农业资源、提高农作物产量、降低生产成本、减少环境污染、提高农产经济效益的目的。具体就是综合应用3S（GNSS、GIS、RS）和计算机自动控制系统，逐步向农业生产自动化方向发展，进而推动农业信息化解决方案的出台。

农场 CORS 系统

该方案是围绕 iCORS（永久参考站）系统，建立农场信息化监控中心、农场 GIS 信息采集终端、农场变量信息采集终端、农场农机导航及自动化系统、农场农机监控系统等一系列农场位置信息服务体系。

iCORS 系统作为系统的核心，是农场位置综合服务系统的基础数据提供者。永久参考站系统是某一区域范围内建立若干个连续运行参考站，通过网络互联，构成新一代的网络化 GNSS 综合服务系统，不仅可以向各级测绘用户提供高精度、连续的空间基准，也可向导航、授时、灾害防治等部门提供各种数据服务。iCORS 的建设，可为农场的各个行业如工程建设、农机导航、交通监控甚至环境保护、抢险救灾等提供迅速可靠的信息服务，满足各行业的位置信息需求。

iCORS 系统将是现代卫星定位、计算机网络、数字通信等技术进行多方位、多领域应用的综合集成解决方案，系统主要

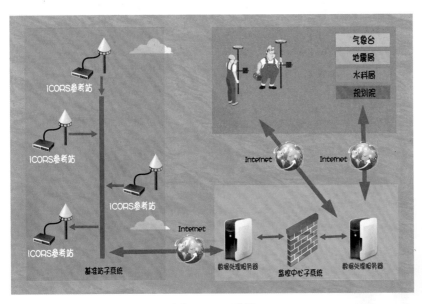

农场 CORS 系统

某农场 CORS 选点规划

包括以下子系统：① 参考站网子系统；② 数据处理与管理中心；③ 数据通信网络子系统；④ 用户服务子系统。

如此，该系统可为农场中心为核心，方圆 35 km 范围内的区域提供厘米级差分定位服务，满足农机高精度导航、自动驾驶、农机监控、工程建设测量、水利及电力目标监控等服务的要求。

"北斗农业·中国"项目

"北斗农业·中国"项目是为了贯彻落实《国务院办公厅

关于促进地理信息产业发展的意见》和《国家卫星导航产业中长期发展规划》的重要精神，推广北斗应用、发展壮大地理信息和北斗卫星导航产业、推动国家测绘地理信息局部署指导的"百城百联百用"行动计划。"北斗农业·中国"的发展理念及目标是"用一个科技、树一个品牌、兴一大产业、富一方百姓"。

"北斗农业·中国"是基于北斗卫星定位和导航技术，并集成了移动通信、地理信息、智能传感和互联网技术发展起来的一种提供相关信息服务的新兴产业。该项目以北斗科技支撑为核心，应用北斗高精度差分定位技术，结合北斗农业实用新型专利及版权，通过 GNSS 三系统八频多模接收机及北斗数据采集终端机对数据进行采集和传输，以标准化、数字化、自动化的管理体系，实现以图管地、以图管人、以图管物的农业生产精品品牌化管理。北斗农业项目目前已落地柬埔寨，在柬埔寨形成从地标管理、选种育秧、种植生产、采摘分选、加工检验到冷链物流全产业链农产品品牌化运营模式。

北斗农场提高农作物产量

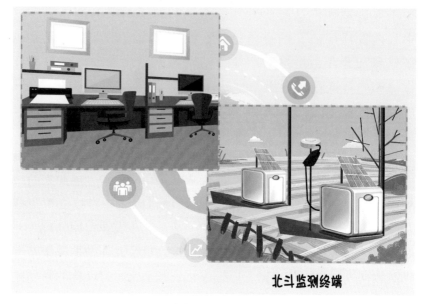

北斗监测终端

"北斗农业·中国"项目

北斗农业充分利用现代信息技术和物联网手段，结合农产品的产销特点，由生产经营者从产品播种开始，对播种、施肥、打药、灌溉、采收、农残检测、销售信息等生产过程信息进行全程记录，企业规范标识，消费者可以通过手机扫码等方式，查看农产品的生产全过程，实现产品从种植到销售各环节的信息跟踪与追溯，构建统一的追溯平台，建立普通消费者、食品生产企业、相关监督职能部门之间的直接桥梁，实现健康安全消费。

军事应用

现代军事行动对卫星导航的依赖已达到空前的程度，从侦察、预警、遥感、监视到天气预报、指挥通信、精确制导，都与卫星导航密不可分。除去大量使用侦察卫星、预警卫星和通信卫星外，导航卫星在军事领域的作用重大。

GNSS 的军事用途

从作战指挥的实质来看，今天的作战指挥与历史上的作战指挥活动并无本质不同，都是指挥员运用兵力在一定的空间和时间内达成一定目的的活动。在作战中，对兵力兵器时间和空间位置的定位和控制是完成作战任务的基本前提。在科学技术不发达的时代，这是一个巨大的难题，战争史上兵团迷失方向、找错部队、机动失误等现象不胜枚举。而北斗等全球导航定位系统的建立从根本上解决了这一问题。

建立卫星导航系统，通俗地说，就是织造一张覆盖全球的"天眼"网络，大幅提升国防实力，其重要性难以替代。借助全球导航定位系统，战斗机、轰炸机、侦察机和特种作战飞机可以全天候准确无误地执行任务；坦克编队可在没有特征的沙漠地带完成精确的机动；扫雷部队可安全通过雷区、准确测定布雷位置以便将其摧毁；给养运输车能在沙漠中发现作战人员并为其提供补给；特别行动直升机与攻击直升机能够协同作战。全球导航定位系统还使空中加油机与需要加油的作战飞机能够更快地相互找到对方。GNSS 在军事领域的应用包括以下几个方面：

1. 授时

全球导航定位系统可提供准确的时间和频率，从而广泛应用于授时校频。对于通信、网络的时间同步，以及部队机动、作战中统一时间标准均具有重要的意义。

2. 导航

当前，GNSS 与惯性制导相结合是军用飞机上普遍采用的一种导航方式，这种导航方式可由 GNSS 提供精确的位置和速度信息，而惯性制导因不易受到干扰，可在无 GNSS 信号时提供导航信号并使系统迅速更新。美军目前的军用飞机大量采用此种导航方式。

3. 单兵或部队定位

全球导航定位接收机可以做到小型化、手持式，因而携带方便，它还可与其他手持式通信设备组合在一起，是野战部队和机动作战部队不可缺少的装备。海湾战争期间，GPS 接收机就很受美军部队欢迎，一度出现了军用 GPS 接收机严重短缺的现象。当时美国陆军每个连或平均 180 多人就装备有 1 台 GPS 接收机。而伊拉克战争中，地面部队至少拥有 10 万台精密轻型 GPS 接收机，每个班至少装备一台。部队或单兵有了 GPS 系统后，可以准确地知道自己所处的地理位置。特别是在夜晚，GPS 系统可以帮助完成近 50% 的训练和作战任务，有效降低了误伤率。GPS 接收机主要利用定位和通信功能，为单兵提供位置信息和时间信息服务，同时可将单兵的位置信息实时动态传送到指挥机构，并及时向单兵发送各种指令，提高单兵作战和机动能力。

美军单兵都装备 GPS 设备

4. 救援服务

美军飞行员广泛应用的一种 Hook-112 救生无线电装置，在飞机被击落时，能够利用 GPS 为营救人员指引方向。

5. 地面作战行动

全球定位系统本身所具有的精确性可确保进行精确的位置勘查、配置炮兵、目标搜索和定位。全球定位系统在作战地域内建

GNSS 为"陆战之王"撑腰

立"共同坐标"、"共同时间",帮助建立"共同指令"并且可协助实施协同行动。陆军还利用 GNSS 系统提高了部队协同进攻的安全性。在以往的作战中,为了部队间的协同,通常在进攻路线上每隔一定距离做个标记,这种方法显然极易暴露军队的行踪,但通过 GNSS 系统,无需做这种致命的标识,各作战分队就能轻松地定位。

6. 海上行动

海军部队也可从全球定位系统中受益。运用全球导航定位系统,舰艇和潜艇可精确地判定自己的位置,这有助于在港口作业的安全和通过受限水域时所需的导航;结合使用激光测距仪和高精确的定位信息,可对海岸线进行精确勘查;可精确地设置水雷,使己方部队能规避和对其进行回收;使用空间定位、速度矢量、时间和导航支援,有助于海上集结、海上营救和实施其他行动。

7. 空中作战行动

在空中作战行动中,全球定位系统也极为有用。全球导航定位系统提供的位置、速度矢量、时间的有关信息可提高空投、空中加油、搜索和营救、侦察、低空导航、目标定位、轰炸和武器发射的效能；可为己方飞机通过作战地域设定更为精确的空中走廊；可提高各种空射武器的精确度。

8. 武器制导

在伊拉克战争中，由 GPS 制导的精确制导武器的使用率有了很大提高。根据统计，战争中精确制导武器的使用率达到68.3%，而由 GPS 制导的精确武器就占到总数的 57%。由于激光制导炸弹易受战场烟雾、云层和沙尘的影响，而 GPS 制导的特点是不受沙尘和烟雾影响，可以全天候、全天时工作，且制导精度高，因此在伊拉克战争特定的环境（沙尘、烟雾）中发挥了独特作用。现代精确制导弹药有许多已经开始采用 GNSS 技术进行制导，以提高制导的精度，并且可以简化制导的过程。例如，战斧式巡航导弹在海湾战争中一举成名，但在当时，战斧导弹采用的是惯性导航加地形匹配导航技术，即事先将用侦察卫星拍摄的地形图数字化，然后输入导弹的控制系统中，导弹在飞行过程中，将摄像机拍下的地形与已存储的地图进行不断地比较，以修正导弹的飞行轨迹。这种技术在发射前的准备时间长（可达 10 小时左右），并且要有完整的侦察资料（连续的地形图像）作为支撑。到了"沙漠之狐"行动时，美国再次用战斧导弹袭击巴格达，这时的战斧导弹已经开始采用"惯性导航 +GPS"的组合导航技术，发射准备时间已经降到了 20～30 分钟，命中精度也有较大的提高。

9. 精确制导

GNSS 制导有精度高、制导方式灵活等特点，已成为精确制导武器的一种重要制导方式。在近几场高技术局部战争中，美军使用精确制导导弹和炸弹的比例比海湾战争时增加了近 100 倍，而它们全部或大部分都依靠 GPS 制导。以往美、俄等国也曾研制过激光或毫米波制导炮弹，但由于现代战场的复杂性强，以及炮弹成本过高等因素，并未能真正形成战斗力。英国研制了一种长

约 0.61 m，宽仅 10 cm 左右的制导炮弹，采用了 GPS 技术，具有命中精度高、抗干扰能力强、成本低廉、适用范围广等多方面的优点，顺应了当今制导武器发展的潮流，大量生产装备部队并投入实战的应用前景十分看好。这种炮弹装了一个小型的 GPS 接收器和一台能够对炮弹所在位置进行跟踪的计算机。在炮弹发射后，弹体通过读取来自 GPS 卫星的信号。对自己与目标之间的距离以及自身的弹道进行跟踪，并实时引导弹体的飞行路线。同时利用附着在弹身前部的"航向校正系统"对飞行路线进行再调整。这种校正设备包括读取有关高度及目标距离信息的计算机和位于炮弹四周的金属"扇"，当金属"扇"打开时可使炮弹减慢飞行速度。通过这种卫星导航及自身调整的作用，极大地提高了炮弹的命中精度。

10. 打击效果评估

GNSS 还可以对打击目标命中率进行评估。在装有 GNSS 接收终端的弹药击中目标引爆的瞬间，触发用户机进行定位，并将位置信息和时间信息迅速传送到指挥中心，从而进行命中率评估，其评估效果已在伊拉克战争中得到充分检验。最为神奇的是英国已经研制成功的一种卫星导航炮弹，对固定目标的命中精度几乎达到 100%。

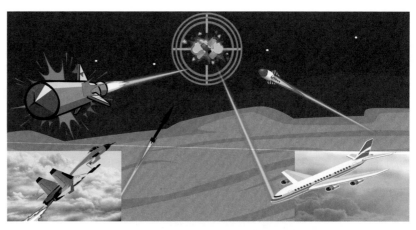

导弹制导上应用 GNSS 导航可提高命中率

精确制导导弹

GNSS 在军用领域的局限性

（1）极易受到低成本技术的干扰。理论上讲，一台干扰功率为 1 W 的干扰机，在 GNSS 工作频率 1.6 GHz 附近加上实时调频噪声干扰，可使 22 km 范围内的 GNSS 接收机不能工作。

（2）GNSS 的精确制导与其他传统末段制导技术（如激光、惯导等）相互融合或采用多模式复合制导才能优势互补、发挥最佳效能。任何单一制导方式都有其局限性。

（3）GNSS 精确制导虽然对打击时间敏感的固定目标显示了独特功效，但对打击机动目标仍有较大局限性。

（4）武器的命中精度不仅取决于卫星导航的精度，还与目标位置的坐标精度和飞行控制精度密切相关，只有上述精度同时提高，方能发挥最佳效能。

（5）在其他的各种应用中，GNSS 要与各种武器平台和传统的通信手段相互集成或融合才能发挥最佳效果。

北斗系统的军事用途猜想

北斗卫星导航定位系统基本上是以满足商用服务为主，虽然

北斗是军民两用系统，但军用仍然是其重要的组成部分。从国防而言，北斗系统是国家战略安全的重要威慑力量。同时，北斗系统也是实际战术的重要手段，它可以用于陆海空天所有的载体，为机动车辆、船舶舰艇、飞机飞艇、导弹卫星、军事人员提供时间与位置信息，为战争战场提供整体的态势评估分析和指令指挥控制奠定时空信息基础。

其实北斗卫星导航定位系统的军事功能与 GPS 类似，如：飞机、导弹、水面舰艇和潜艇的定位导航；弹道导弹机动发射车、自行火炮与多管火箭发射车等武器载具发射位置的快速定位，以缩短反应时间；人员搜救、水上排雷定位等。不过，因运作方式不同，北斗卫星导航系统有一些 GPS 没有的功能，如有源定位技

北斗对中国军队的作战支持作用是难以估量的

术派生出来的双向短报文通信和位置报告功能。

由于北斗卫星导航定位系统的简短通信功能可进行"群呼"，如集团用户中心发出的各种指令经北斗指挥型用户机上传至北斗卫星，接着转给地面控制中心，再经出站链路传至北斗卫星向目标用户转发，使得集团用户中心可对其下属用户进行指挥调度。另外，当用户提出申请或按预定间隔时间进行定位时，不仅用户知道自己的测定位置，而且负责调度指挥的上层单位或其他有关单位也可得知用户所在位置。

这项功能用在军事上，意味着可主动进行各级部队的定位，也就是说各级部队一旦配备北斗卫星导航定位系统终端，除了可供自身定位导航外，高层指挥部也可随时通过"北斗"系统掌握部队位置，并传递相关命令，对任务的执行有相当大的助益。换言之，可利用北斗卫星导航定位系统执行部队指挥与管制及战场管理。

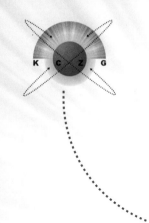

地面交通应用

导航原本就与人们的出行息息相关，所以地面交通领域占据着导航产业最大的市场。不但特种车辆、公共交通车辆、物流运输和铁路运输等传统交通方式离不开车载导航终端，热度持续攀升的智能网联汽车自动驾驶、车联网技术和智能交通系统更是依赖于 GNSS 所提供的精准定位服务。北斗高精度定位能力好比一个嵌入式系统，被嵌入地面交通的各类载体中。

国内市场总体情况

随着北斗系统投入区域服务，我国的卫星导航车载终端，逐步从以后装个人导航仪为主的情况发生转变，进入一个以汽车前装车辆信息系统为主要发展方向的新阶段。2016 年中国汽车产销均超 2 800 万辆，连续八年蝉联全球第一。国内汽车保有量由 2008 年的 0.65 亿辆增长到 2016 年的 1.94 亿辆，其中采用车载导航终端的数量超过 39%，达 7 500 多万辆，新车辆的卫星导航终端的安装率（含前装与后装）超过 65%，达 1 500 多万辆。与同年的全球车载 GNSS 终端出货量 7 600 万辆相比，占比接近 20%。

未来中国卫星导航车载终端市场发展趋势为：产品由单一导航定位功能向多功能（授时、信息）或融合进其他设备（个人电子产品）的方向发展；运营服务方面，由导航定位服务向联合不同的内容提供商（如数字地理信息提供商等）共同开展综合服务的方向发展。

目前国内从事卫星导航车载终端的公司有好几百家，大部分是系统集成商，其中能够形成批量生产销售规模的公司，尤其是能够进入前装的公司厂家并不很多，也有一批厂家专门为国外进行生产制造加工的企业，根据不完全统计列举如下：前装导航终端方面有德赛西微、华阳、航盛、好帮手、远特、博泰等；前装车联网终端方面有厦门雅迅、汇瀚、应泰斯特等；后装车载终端方面有深圳博实结、厦门雅迅、深圳锐明视讯、杭州鸿泉、深圳国脉、深圳华宝、深圳有为、赛格导航、长虹佳华、网信互联、路畅等。

特种车辆应用

特种车包括救护车、警车、消防车、运钞车、工程抢修车等，全国特种车总数约 70 万辆，约占全国民用车总量的 5%。下面分别分析系统在这些车种上的应用。

救护车

导航系统在医疗救护中的应用体现在：救护车车载终端（接收机）实时向救援中心提供准确的位置信息；发生求救时，调度指挥系统利用求救人电话确定的方位，选择最有效的救护车，并实时调度该救护车按专业原则将患者送往相关医院，缩短急救时间，挽救患者生命。据统计，救护车调度中心可很快找到离患者最近的可救护车及指挥救护车以最快的速度找到患者，可使急救回车率降到 8% 以下，院前急救平均到达现场的时间在 8 分钟内（以前约 30 分钟），接到求救电话后急救车出动的概率高达 88%，这为最大限度地抢救人民群众生命安全发挥了重要作用。

全国大中城市都在建设 120 急救调度系统。以上海市为例，该市 120 急救通信调度指挥系统，主要由有线通信部分（包括"120"电话受理和调度）、无线通信部分（加入市政府 800 M 紧急救援网络）、计算机调度信息系统、车辆卫星导航定位系统与 GIS 电子地图系统、大屏幕系统等共同组成的综合性系统。目前在国内处于领先水平。

目前，部分救护车已经安装使用了 GNSS 卫星导航定位车载终端。根据卫生部制定的技术规范，救护车将逐步安装卫星导航定位终端。

警车

通过车载导航终端使驾驶员能够随时知道自己的具体位置；通过车载终端将卫星定位信息发送给调度指挥中心，调度指挥中心便可及时掌握各车辆的具体位置，进行调度指挥，使警员尽快赶到案发现场，及时处理案情，从而增强警员的快速反应能力，加快警情响应速度，提高警情处理能力。

目前，中国有近 40 个城市建成了金融车辆和公安车辆跟踪系统。例如，北京市交管部门在路面指挥车、现场勘查车和巡逻车上配备卫星导航定位系统和数码相机等，监控路面上的各种静态的交通违法及不文明现象；深圳市 2 600 辆警车安装卫星导航定位系统，安装卫星导航定位系统的警车将即时显示在电子地图上，供 110 指挥中心及时调动离报警点最近的警车处理警务。卫星导航定位设备结合网格化布警机制，大大提高了警方的接处警速度，警方有卫星导航定位系统，不管群众在哪个角落打 110，警方都能迅速赶到。

在经济发达地区，消防车安装卫星导航定位系统的也不少。例如，北京市在消防车加装卫星导航定位系统，由电子地图、视频、录音、移动指挥车、卫星导航定位车载终端等 10 个子系统组成。119 消防调度指挥中心通过电子地图指挥消防车取道捷径，以最快的速度到达火灾或救援现场。

据统计，中国全国现有警车十多万辆，其中，北京有 1.5 万辆，上海有 0.95 万辆，江苏有 8 715 辆。目前已有很大一部分警车安装使用了 GNSS 卫星导航定位车载终端。

抢修车

在一些经济发达地区，已开始在抢修车上安装卫星导航定位系统。例如，南京市电力局 14 辆电力抢修车安装上卫星导航定位车辆动态监控管理系统，使电力主管部门能在全市区范围内，掌握全部抢修车的适时位置，一旦有紧急任务可以指挥就近车辆执行抢修任务；成都市燃气有限责任公司对负责全市燃气抢险的抢险车安装卫星导航定位系统，一旦发生天然气气管泄漏事故，接到报警的总调度室将立即通过卫星导航定位系统，找到离出事地点最近的燃气抢险车参与抢险；北京市在自来水抢修车辆上安装自来水应急抢修车辆卫星跟踪定位系统，确保以最快的速度赶到抢修现场，为抢修赢得宝贵的时间。

公共交通运营应用

公交运营

目前，北京、上海、广州、深圳、青岛、武汉、郑州、大连、沈阳、乌鲁木齐等许多城市的部分或全部公交车上已安装卫星导航定位系统。例如，北京在420路公交车沿线"亮马桥东站"至"望京科技创业园站"十多公里的路段上进行数字公交站亭试运营，包括数字公交站亭、信息管理中心和车载终端三部分。信息管理中心根据实时采集的车辆运行状况等相关数据，通过后台信息管理中心，实时查看车辆运行所在位置；车载终端采集和传送车辆所在位置等具体数据，通过信息管理中心的电子系统进行处理后发布到站亭的电子站牌显示牌上就变成等车人所看到的信息。

广州在公交车上安装卫星定位导航系统和车载电子地图，可显示车行电子地图，并可播放公益广告、MTV 等，行车过程中可自动报站等。其中，电子地图有三级显示功能：第一级对单个站点和周边区域进行显示，便于乘客了解车站离自己的目的地有多远。第二级是显示5～6个站点，让乘客知道还有几站下车。

第三级是显示整条线路的走向。

截至 2010 年，有 2/3 左右的公交车装上车载卫星导航定位终端，其中超特大城市公交车安装率达 90%，特大城市和大城市安装率达 60%，中小城市安装率达 60%。至 2015 年，公交车保有量达到 56.2 万辆，卫星导航终端安装率接近 80%。

出租车运营

导航系统在出租车上的应用可分为监控调度、报警服务、自主驾驶及智能速度四个方面。

卫星导航技术的应用可促进道路交通的可持续发展，突出表现在减少污染、节省燃料、增加通行能力、节省出行时间、提高生产效率和提高安全性等方面。

1. 节省燃料

由于使用卫星导航技术，可以节省车辆为寻找目的地而浪费的时间，节省油耗，出租车在这方面的效果最明显。据研究，在我国一线城市，出租车行驶里程占全市机动车辆所有行驶里程的 30% 以上，但其中一半却是空载的。通过在出租车上安装卫星导航系统，配合电召系统，可使机动车总行驶里程降低约 10%，每年可节约大量燃料费用。每年出租空驶直接损耗中近 2/3 是燃料费用，应用卫星导航后，每月每辆出租车可节约燃料费用约 1 000 元。

2. 减少污染

由于使用卫星导航技术，减少出租车的空驶，节省了油耗，从而减少尾气排放，对空气清洁和生态环境保护产生积极意义。

3. 增加通行能力

安装卫星导航系统后，可使机动车总行驶里程降低约 10%，改善城市道路交通拥堵。

4. 节省出行时间

对于出租车而言，安装卫星导航定位系统后，可实现电召，可减少乘客等待出租车的时间。另一方面，通过卫星导航定位，结合道路拥堵信息，可使出租车避开拥堵路段，亦可节省乘客出行时间。

5. 提高生产效率

对出租车而言，装上 GNSS 终端，十分有利于出租车运营管理。据研究，在安装卫星导航定位系统后，每笔业务平均调度时间从原来的 3～5 分钟降低到现在的 6～10 秒钟。而对出租车实行电召后，平均每个出租车司机的营业额增加10%～15%，并可减少大量出租车为了找用户而无目的的空驶。目前，北京、上海、广州、深圳、杭州、郑州、西安、哈尔滨等许多城市的部分或全部出租汽车上已安装卫星定位报警管理系统。

长途客车应用

卫星导航技术的应用可促进道路交通的可持续发展，突出表现在减少污染、节省燃料、增加通行能力、节省出行时间、提高生产效率和提高安全性等方面。

1. 节省出行时间

对于长途客运车辆而言，利用车载终端进行调度，可使驾驶员和调度员之间的通信联系变得更快更有效率，并使长途客运车辆的晚点率下降。

2. 节省油耗

实施监控调度后，车辆基本保持中速行驶，驾驶员的超速行为大大减少，可取得良好的节油功效。

3. 提高生产效率

卫星导航定位终端可真实、准确反映长途客运车辆运行中的实际状况，记录相关的监控数据。其存储的数据可使客运企业加强对车辆的使用、运行、调度的科学管理，从而降低其运营成本。另外，由于实施监控调度后，驾驶员在行驶中基本能保持车

辆中速行驶，对延长车辆使用寿命、节约燃料、减轻轮胎耗损都起到重要的作用，可降低车辆运行、维修成本，减少企业经营管理成本。

4. 提高安全性

通过装配卫星导航车载终端，记录车辆的行驶状态和驾驶员的操作记录，可监督并规范驾驶员的驾驶行为。加上驾驶员的心理作用，可减少驾驶员的违章操作，达到增强安全性能的目的。

根据国家的规定，"两客一危"车辆出厂前应安装符合规定的卫星定位装置，否则将无法上路。而国内客车行业中第一个在车联网领域试水的企业苏州金龙客车公司已在研制一款名为"智慧营运系统"（G-BOS）的产品，该产品通过全程记录车辆运行的各种重要数据，为客车运营商、政府部门对运行车辆进行智能化管理提供了便利。目前，宇通客车、厦门金龙、东风扬子江、济南豪沃客车等也都发布了类似系统。

交通部要求，客运车辆必须安装行车记录仪，部分省市选用带 GNSS 功能的行车记录仪。目前，大多数省份正在执行中，但只有部分省市选择带卫星导航定位功能的行车记录仪。2005 年前，安装卫星导航车载终端的长途客运车约 1 万辆（浙江省一省即安装了 5 552 辆）。截至 2010 年，约 50% 的长途客运车安装卫星导航终端。至 2016 年，全国已有超过 400 万辆营运车辆安装北斗兼容终端，形成了全球最大的营运车辆动态监管系统。

物流运输应用

卫星导航技术的应用，可降低物流车辆的空驶率、节省货物在途时间、提高生产效率和提高安全性。

1. 降低空驶率

在车辆安装卫星导航车载终端后，物流企业可充分了解车辆信息，通过配货、调度等途径提高物流企业的经济效益和管理水平。

2. 节省货物在途时间

在物流车辆上安装卫星导航定位车载终端，实时监控车辆行驶，预计到达时间、指挥车辆准确迅速到达，可大大缩短货物在途时间。

3. 提高生产效率

据研究，物流企业安装卫星导航定位车载终端，并建设监控系统后，由于实际行驶里程统计、平均速度、行驶路线监控、发动机启动监控、空调启动监控等使得油费降低 10%；由于司机的驾驶习惯分析和规范、维修保养提醒使得维修成本降低 15%；由于行驶路线监控、路桥费管理等使得路桥费降低 10%；由于实时监控、预计到达时间、减少调度人员和通信费用使得调度成本降低 20%；由于停车时间监控、停车地点监控、行驶路线监控等货物丢失减少 50%；通过实时监控、预计到达时间规划行车路线等使得车辆周转率提高 20%，相当于同样的车辆运力增加 20%；通过标记客户位置、预计到达时间、指挥车辆准确迅速到达等提高服务质量，客户满意度提高 30%；通过不断满足客户需求、投标加分等使得赢取新客户订单增加 20%。

4. 提高安全性

物流企业通过在物流车辆上安装卫星导航车载终端，可对承运货物的车辆进行全程跟踪以保证其安全性；由于有超速超时报警、实时监控车辆行驶、紧急情况可以呼叫等功能使得安全成本降低 30% 左右，事故率降低 50%。

目前，中国大型物流集团，包括中远物流、中外运物流、中邮物流、中铁物流等，纷纷投入巨资建立物流管理系统，在部分车辆上安装了卫星导航定位车载终端，取得一定成效，已建系统功能主要集中在仓储管理、财务管理、运输管理和订单管理。

中远物流拥有营运车辆 1 224 辆，其中集装箱拖车 850 多

辆、各式物流车339辆、其中有94辆配备了卫星导航定位系统。中邮物流拥有中国最大的物流配送体系，有省际航空邮路1 022条，全国177条（一级112条）铁路邮路和535辆邮政专用车厢，公路运输车辆4.6万辆，部分班车采用GPS+北斗双模导航。

此外一些地方物流企业，也在积极建立物流全程信息服务，并在局部小范围内建立基于卫星导航车载终端的物流运输系统。但从整体来看，尚不能真正满足物流实时跟踪服务需求。

美国高通公司的产品OmniTRACS系统已经在中国开始运作，网络主站设在广州，网上在用的移动终端已达100多个，遍及华北、华东和华南等地区。

按规定，中国危险品运输车辆必须安装卫星导航定位车辆，目前各省正在有条不紊地执行中。例如，上海要求6 000多辆危险品运输车卫星导航定位车载终端的安装率达100%。危险品运输企业以江苏镇江宝华物流为例，采用沃尔沃公司高品质卡车及"全金程"全面物流解决方案，沃尔沃卡车配置卫星导航定位车载终端，可对所有在途车辆进行实时监控。为了更加安全、快捷地运输危险化学品，公司配备专用应急车辆，为可能发生的一切事故提供应急救援和维修服务。

铁路运输应用

自铁路诞生以来，如何提高铁路运输的安全、效率和服务就一直是世界各国铁路运输业面临的主要课题。随着机械、电子、传感、计算机、信息技术等的不断发展，为进一步增强安全、提高效率、增进服务，通过智能化使铁路运输向铁路智能运输系统（RITS）转化已成为保持和提高铁路运输业在21世纪竞争力的核心战略之一。发展RITS，加强智能铁路信息系统的构建与整合，是铁路运输发展的趋势。全球卫星定位技术在智能铁路运输系统的多方面都可以发挥重要甚至核心作用，是铁路智能运输系统的关键技术。现有的应用包括铁路测绘，铺轨作业，列车的定位和自动控制，铁路物流管理，用户信息，车辆轨迹测量等多个方面。

铁道部颁布了全球定位系统铁路测量规程，为 GNSS 在铁路测量中的应用确立了标准。我国 4 个铁路设计院在勘测中已广泛应用 3S 技术，实现了勘测设计一体化，铁路工程勘测技术跻身世界先进行列。铁道部第四勘测设计院已应用 GNSS 先后完成了长荆铁路、温福厦（沿海）铁路、京沪高速铁路等项目的测量，还完成了娄底、商丘等 10 座城市约 1 200 km² 的航测外控测量任务，精度超过常规测量 10 倍以上。铁道部第一勘测设计院在我国最长的铁路单线隧道——秦岭隧道施工控制网测量中采用 GNSS，提高功效 10～20 倍，提高精度 20 倍以上。铁四院在京九铁路勘测中，应用遥感技术对沿线的地层岩性、地质构造、水文地质、河网水系等进行判释，为线路选线、隧道、桥梁等设计提供了直观的资料。在青藏铁路的测绘工作中，第一次进行数字化铁路测量，第一次应用动态连续采集法，第一个在轨道车上进行动态定位测量，第一次创造出快速定位卡轨式移动车，充分利用 GNSS 技术，提前 90 天完成了青藏铁路的 GNSS 轨道线测量任务。

目前我国铁路列车定位以采用 GNSS 为主，并已着手进行将 GNSS 用于青藏铁路列车定位和运输综合调度指挥的研究。对青藏铁路正在运行的列车，指挥中心可以利用 GNSS 测量并追踪列车所在的方位，随时了解列车的运行状况。同时，火车司机也可以随时知道列车行驶的具体位置，他们之间可以通过专用手机即时联络。青藏铁路采用 GNSS 与机车车载计算机、无线数字专用手机结合后，可以实现机车和地面之间列车控制信息的实时传送，达到控制列车运行的目的，确保列车安全运行。

随着卫星定位技术在其他运输方式上的应用，它在铁路安全

至关重要领域的应用的现实意义越来越明显。GNSS 专家已经确定了在铁路领域应用的必要条件，铁路信号专家也确认了 GNSS 实现列车控制的可行性。融合了 GNSS 技术的铁路智能运输系统将有效保证铁路运输的安全、高效运行。

卫星导航将促进传统运输方式实现升级与转型。在铁路运输领域，通过安装卫星导航终端设备，可极大缩短列车行驶间隔时间，降低运输成本，有效提高运输效率。未来，北斗卫星导航系统将提供高可靠、高精度的定位、测速、授时服务，促进铁路交通的现代化，实现传统调度向智能交通管理的转型。

铁路运输也用北斗导航

智能驾驶

随着北斗卫星导航技术应用向深度推广，北斗卫星导航技术在智能驾驶汽车技术领域也得到广泛应用。北斗组合导航技术与视觉、激光雷达和毫米波雷达等其他环境感知手段的集成，不断推进我国的智能网联汽车技术走向成熟。

　　智能驾驶的核心是精准的位置、姿态和航向的测量与控制，这恰恰是导航最擅长的。智能驾驶中的高精度位置感知是实现各种自动驾驶功能的基础，它是以导航和控制为核心完成车体的相对定位和绝对定位。其中车载摄像头、激光雷达、毫米波雷达、红外线探测仪等传感器都是用于确定车辆相对位置的，而利用北斗卫星导航技术和惯性导航的组合导航技术则可以完成车辆绝对位置的确定。绝对定位与相对定位相辅相成，缺一不可。

　　智能驾驶的稳定发展可以减少交通事故的发生，缓解交通拥堵，提高出行效率。北斗卫星导航与惯性导航组合导航系统可以为智能驾驶汽车提供高精度的位置和航向等姿态信息，能够解决车辆在隧道、高楼等卫星信号被遮挡情况下的连续定位导航难题，提高了车辆的安全性。北斗卫星导航和惯性导航产品将帮助汽车具备小脑功能，感知位置、掌握平衡，各种雷达和视觉设备将如千里眼一样帮助汽车感知周围环境，新型通信技术则为汽车装上顺风耳。不仅仅是私家车，基于北斗卫星导航定位功能的智

智能驾驶功能能解放驾驶员的双手

疲劳驾驶问题会通过技术进步加以克服

能驾驶技术也将在小区安防、园区作业、港口搬运等各类车辆上得到广泛应用。

物联网

北斗卫星导航与物联网之间的关系是互惠双赢的。具体来讲，北斗卫星导航为物联网技术应用提供位置导航服务，北斗卫星导航系统的导航功能可以增加物联网的应用范围。反过来。物联网技术作为北斗卫星导航系统产业链中的重要一环，既可以直接形成导航应用产品，服务于广大用户，又可以促进新产业的出现，促进信息科技产业的发展。

物联网分为感知层、传输层和处理层。在感知层，北斗卫星导航芯片本身可以是一个可精确测量目标位置和速度的传感器，而物联网中接入的物体绝大多数都需要位置信息，这样就可以不通过无线射频识别（RFID）上传读写器，而是直接用短报文功能上传，这是电信网络所不具备的。另外，在无线射频识别中，可以将其读写器与北斗卫星导航芯片融合设计在一起，利用导航终端直接上传网络。在网络传输层，北斗卫星导航系统独有的短报文功能可用于上传和下行信息，短报文一次可传送 120 个汉字。北斗卫星导航系统所具有的双向通信能力是 GPS 所不具备的。短报文通信使北斗卫星导航系统能够在固网及移动网络不能提供服务的情况下保证通信的畅通，但是由于系统工作原理限制，北斗卫星导航系统在并发用户数量上有制约。若要在将来满足更多用户的通信服务需求，北斗卫星导航系统还要与现有通信网络融合，各取所长，最大限度地保持物联网接入网络的畅通。

下面以现代物流为例，说明北斗卫星导航与物联网的关系。在物流行业中流动的物品数量越来越大，种类越来越多。依靠传统的管理办法不仅增加物流行业的成本，也增加了顾客对物品安全到手的担忧。北斗卫星导航技术与物联网结合应用可以很好地解决这个难题。在每一个物品上都贴有一个唯一的电子标签，并嵌入微型北斗卫星导航芯片。当顾客想要知道物品信息时，可以利用北斗卫星导航系统发射定位信号给微型导航芯片，然后将信

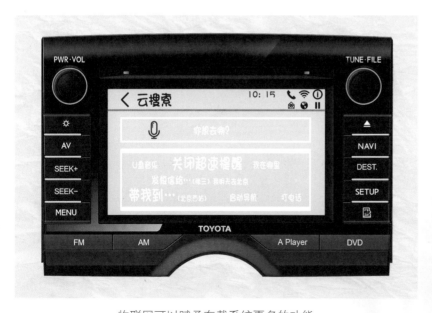

物联网可以赋予车载系统更多的功能

息传给 RFID 站,通过 RFID 站连接物联网,于是顾客就在移动 IP 技术的帮助下,利用移动终端随时随地地获取实时的物流信息。这比我们在网上购物后看到的物流货运信息实时性更高,位置信息也更精确。

智能交通系统(ITS)

智能交通系统(Intelligent Traffic System,简称 ITS)又称智能运输系统(Intelligent Transportation System),是将先进的科学技术(信息技术、计算机技术、数据通信技术、传感器技术、电子控制技术、自动控制理论、运筹学、人工智能等)有效地综合运用于交通运输、服务控制和车辆制造,加强车辆、道路、使用者三者之间的联系,从而形成一种保障安全、提高效率、改善环境、节约能源的综合运输系统。

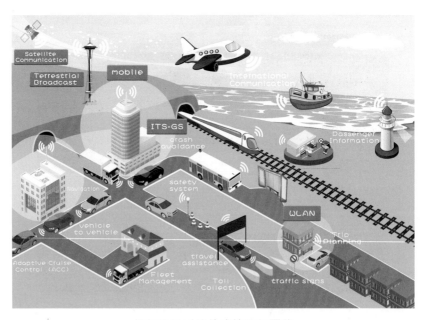

智能交通系统的成熟运行面貌

原理与组成

世界上应用智能交通系统最为广泛的地区是日本，日本的 ITS 系统相当完备和成熟，其次美国、欧洲等地区也普遍应用。中国的智能交通系统发展迅速，在北京、上海、广州等大城市已经建设了先进的智能交通系统；其中，北京建立了道路交通控制、公共交通指挥与调度、高速公路管理和紧急事件管理的四大 ITS 系统；广州建立了交通信息共用主平台、物流信息平台和静态交通管理系统的三大 ITS 系统。随着智能交通系统技术的发展，智能交通系统将在交通运输行业得到越来越广泛的运用。

智能交通系统是一个复杂的综合性的系统，从系统组成的角度可分成以下一些子系统：

1. 先进的交通信息服务系统（ATIS）

ATIS 是建立在完善的信息网络基础上的。交通参与者通过装备在道路上、车上、换乘站上、停车场上以及气象中心的传感器和传输设备，向交通信息中心提供各地的实时交通信息；ATIS 得到这些信息并通过处理后，实时向交通参与者提供道路交通信息、公共交通信息、换乘信息、交通气象信息、停车场信息以及与出行相关的其他信息；出行者根据这些信息确定自己的出行方式、选择路线。更进一步，当车上装备了自动定位和导航系统时，该系统可以帮助驾驶员自动选择行驶路线。

2. 先进的交通管理系统（ATMS）

ATMS 有一部分与 ATIS 共用信息采集、处理和传输系统，但是 ATMS 主要是给交通管理者使用的，用于检测控制和管理公路交通，在道路、车辆和驾驶员之间提供通讯联系。它将对道路系统中的交通状况、交通事故、气象状况和交通环境进行实时的监视，依靠先进的车辆检测技术和计算机信息处理技术，获得有关交通状况的信息，并根据收集到的信息对交通进

行控制，如信号灯、发布诱导信息、道路管制、事故处理与救援等。

3. 先进的公共交通系统（APTS）

APTS 的主要目的是采用各种智能技术促进公共运输业的发展，使公交系统实现安全便捷、经济、运量大的目标。如通过个人计算机、闭路电视等向公众就出行方式和事件、路线及车次选择等提供咨询，在公交车站通过显示器向候车者提供车辆的实时运行信息。在公交车辆管理中心，可以根据车辆的实时状态合理安排发车、收车等计划，提高工作效率和服务质量。

4. 先进的车辆控制系统（AVCS）

AVCS 的目的是开发帮助驾驶员实行本车辆控制的各种技术，从而使汽车行驶安全、高效。AVCS 包括对驾驶员的警告和帮助，障碍物避免等自动驾驶技术。

5. 货运管理系统

这里指以高速道路网和信息管理系统为基础，利用物流理论进行管理的智能化的物流管理系统。综合利用 GNSS 卫星定位、地理信息系统、物流信息及网络技术有效组织货物运输，提高货运效率。

6. 电子收费系统（ETC）

ETC 是世界上最先进的路桥收费方式。通过安装在车辆挡风玻璃上的车载器与在收费站 ETC 车道上的微波天线之间的微波专用短程通讯，利用计算机联网技术与银行进行后台结算处理，从而达到车辆通过路桥收费站不需停车而能交纳路桥费的目的，且所交纳的费用经过后台处理后清分给相关的收益业主。在现有的车道上安装电子不停车收费系统，可以使车道的通行能力提高3～5 倍。

7. 紧急救援系统（EMS）

EMS 是一个特殊的系统，它的基础是 ATIS、ATMS 和有关的救援机构和设施，通过 ATIS 和 ATMS 将交通监控中心与职业的救援机构联成有机的整体，为道路使用者提供车辆故障现场紧急处置、拖车、现场救护、排除事故车辆等服务。

关键技术

智能交通系统的安防新技术不断涌现和应用，新技术的出现对于高速公路领域有着较强的针对性。如 3G 无线传输是针对高速公路恶劣的气候、地理环境所采用的独特方式。高速公路移动无线监控，一般应用在高速公路的某一段内。巡逻车可以实时将巡逻时的视频情况传回高速公路管理中心，加强了智能交通系统管理的实时性。此外，其他新技术的应用更大程度上也都为系统管理的高效提供了进一步的支持。

移动卡口系统：采用计算机视觉仿真、雷达测速、智能图像分析以及数据库管理等技术的超速抓拍系统。能够精确测量车辆行驶速度，一旦超速，系统会自动抓拍图片，清晰捕捉车辆全貌、车牌号码、车辆类型、车身颜色等元素，将图片保存在数据库中，并叠加超速违法所发生的日期、时间、路段、违法时车辆实际行驶速度以及该路段的限定行驶速度等信息，数据库可按日期、车牌号码等条件进行分类查询，也可通过打印机实时输出违法车辆照片，具有车牌自动识别、现场报警、移动存储及综合管理等功能，其网络版的产品构架，使得该系统集现场执法、3G 远程传输和指挥中心网络化调度管理于一体，为高速管理部门科学执法提供可靠的依据，充分符合科技强警战略。

GNSS 定位：对出警车辆进行 GNSS 定位，方便进行调度，以快速处理交通事故。

车辆缉查发布系统：卡口对车辆进行超速抓拍并对比黑车牌，发现报警后在收费站或前端 LED 屏实时显示违章车辆信息，并在收费站进行拦截。

另外，GIS 从空间上、时间上彻底了解高速公路沿线情况的

现状与变化，奠定高速公路管理所需要的数字基础，完成对静态交通信息（收费站、服务区、隧道、无线视频等基础设备）和动态交通信息（天气变化、道路维修封闭、突发的交通肇事等路面状况）的重组，为高速公路管理提供直观、系统、科学的管理工具；同时可以规范管理数据，实现信息共享，便于各部门数据的交换，改进和完善高速公路管理工作。按各子系统的要求，以规定的格式向子系统传输所需信息，比如无线通信终端的应用（如手机短信、PDA 等）根据服务请求和查询权限提供给客户数据、图形或图像等信息。

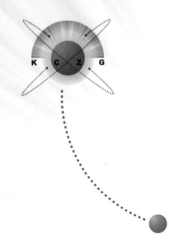

民用航空应用

充分应用新科技，改变空中管理的理念，建立一个适应能力强的空中交通管理系统是建设新一代航空运输系统的重要组成部分。而建设以星基为主的通信／导航／监视（CNS）和空中交通管理系统（ATM）将是建设新的航行系统和空中交通管理系统的主要目标。基于此，建设以星基增强系统（SBAS）为主的 GNSS 新航行系统将为民航的可持续发展提供关键的技术支持。

导航系统在民用航空中的作用

民航通过全球卫星定位技术应用实现可持续发展主要表现在以下 4 个方面：

1. 提高安全水平

在新航行系统中应用全球卫星定位技术将大大提高空中交通管理的可靠性、准确性和容量，提高飞行员在飞行中的情景意识，减少进近着陆中的事故，从而有助于实现每百万运输飞行小时飞行重大事故率低于 0.3 的安全目标。这一目标将更加接近发达国家的航空安全水平，明显高于世界民航平均水平。

2. 节约资源

空域资源和燃油资源是民航发展的两个核心资源。在民航领域应用全球卫星定位技术，将在以下方面提高空域利用效率，优化航路结构：

（1）供离场指引，优化起飞路线。

（2）促成非精密进近向精密进近的转化，提高空域容量。

（3）实施复杂进近程序，提高空域容量。

（4）减少进近中高度保持时间，减少不必要的时间消耗。

（5）提供精密航空器定位，缩小航空器间的空间间隔。

另一方面，利用全球卫星定位技术还有助于降低机场建设和维护传统 CNS 设备的成本，减少机载 CNS 设备的数量和成本。这种资源节约和成本降低必然反应为经济效益。根据美国航空宇航局（NASA）与国际商业机器公司（IBM）的联合研究显示，在美国实施以广域增强系统（WAAS）和区域增强系统（LAAS）为代表的 GNSS 服务在 2005 年使整个航空业受益达 15 亿美元。

3. 改善环境

全球卫星定位技术提供的机场终端区域的精密导航可以为航空器提供复杂的和可重复的飞行路径指引，从而有效地降低电子污染程度，改善机场周边地区的航空器噪声水平。

4. 提供民航可持续发展的动力

参与全球卫星定位系统的标准制定和系统建设是将是我国航空科技创新的重要组成部分，是我国由民航大国向民航强国转变的重要推动力。其社会效益主要表现在如下方面：

（1）提高我国在航空导航领域的技术地位。

目前，以美国和欧洲为代表的航空发达国家都在积极开发其自己的全球卫星导航系统，力图在新一代 CNS/ATM 航行系统的建设中取得标准和技术的主导地位。我国参与该系统的开发将有助于提高我国在该领域的标准和技术参与程度，从而提高我国在航空导航领域的技术地位。

此外，考虑到国际航空因素，在我国空域实施以卫星定位系统为基础的 CNS/ATM 航行系统，将促进进入中国的外国航空公司的航空器加装机载 GNSS 接收航电设备；而加装了机载 GNSS 接收航电设备的中国注册航空器进入国外机场运行也将促进国外口岸机场安装机场地面 GNSS 支持设备。这两方面的收入也将提高导航定位系统销售的金额，有利于我国工业品由初级工业品向拥有自主知识产权的、高科技工业品的产业结构调整。

（2）获得航空服务和电子设备销售的国际市场份额。

实施 GNSS 系统主要需要两类设备：机场地面 GNSS 支持设备、机载 GNSS 接收航电设备。

参考美国 LAAS 系统的售价，可以预计：机场地面 GNSS 支持设备每套售价约为 60 万美元，以我国 2005 年 163 个机场和 2010 年 260 个机场为例，机场地面 GNSS 支持设备的销售分别达到 9 780 万美元和 1.56 亿美元。

机载 GNSS 接收航电设备每套售价约为 1 万美元，以我国 2005 年运输机队规模 863 架和 2010 年运输机队规模 1 580 架为例，机载 GNSS 接收航电设备的销售分别达到 863 万美元和 1 580 万美元。

（3）提高我国国土安全水平。

与诸如广播式自动相关监视（ADS-B）的现代监控相结合，全球卫星定位系统可以提供对民用航空运输飞行路线的高精密度监控。而且，基于星基的监控系统不依赖于地面雷达站的建设，可以提供真正的国土全境无缝隙监控，从而大大提高我国的国土安全水平。

（4）提高军民航的兼容性。

一方面，我国的民航一直保持高增长势头，民航航空运输量不断增加。另一方面，为了适应国防的需要，空军提出了新的军事训练指导思想，突出了由技术训练向战术训练的转变。航空兵部队飞行员年飞行时间和战术训练比重都有所增加，多机实兵演习、对抗训练增多，场内外训练的高度、地域范围增大，军民航的飞行矛盾覆盖了从低空到高空的所有高度层。同时，陆军、武警部队、公安部门也因任务需要，装备了直升机等各型航空器。军民航飞机的数量、型别越来越多，飞行量不断增长，飞行矛盾日渐突出。

此外，航空兵部队战术训练难度、强度增大，技术动作要求高，飞行人员在空域中飞行时，往往把主要精力放在技术动作、战术对抗上，容易忽视空中位置，偏离飞行空域，靠近航线，使军、民航机之间小于安全间隔；另一方面，民航班机绕飞雷雨或因特殊情况急需改变高度、位置和调整间隔等，未经军航飞行管制部门同意就偏出航路航线，管制员对临时航路的使用也有不严格的时候，造成实际靠近或穿越军事飞行空域的问题也时有发生。

实施卫星定位导航，可以即时、无缝隙的将航空器位置通报给军民航管制部门或者实现航空器之间的直接位置播报，从而最大程度的提高信息交流透明度，避免飞行矛盾，保证军民航运行安全，提高军民航的兼容性。

（5）提高航空品质。

全球卫星定位技术带来的航空安全水平提高、航空运输效率提高、资源效率提高、环境影响减小必将改善航空服务品质，减少一次航班的飞行时间，提高航空服务可靠性水平，通过提高全天候条件下的航空运输服务来减少航班的延误，从而大大提高航空服务品质。

综上所述，全球卫星定位技术在民航的应用是在保障安全的前提下建设资源节约型的民用航空运输系统、促进民航整体行业的可持续发展的必然召唤。

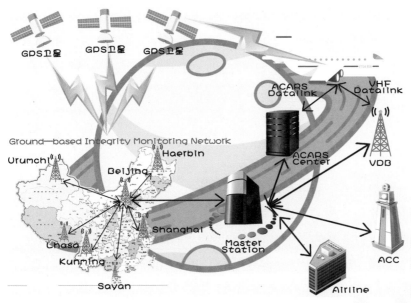

审图号：GS（2016）2923 号　　　　　国家测绘地理信息局　监制

中国全球卫星定位技术集成保障系统架构

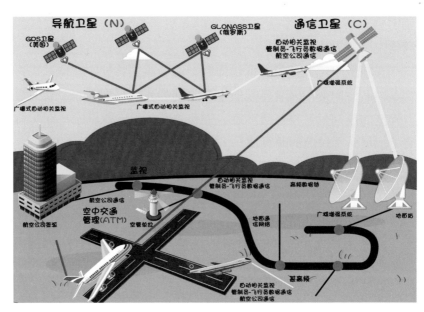

新一代空中交通管理系统结构

国内外市场情况

按年生产 100 万台 GPS 接收机的势头推进，到 2005 年时美国 GPS 工业的产值超出 100 亿美元，与 1997 年的年产值 25 亿～30 亿美元相比，在 8 年内翻了 4 倍。以 Gamin 公司为代表的美国新兴航空电子设备公司以及传统航空电子设备厂商，如 Honeywell、Rockwell Collins 在 GPS 市场上占据了较高的市场份额。可以预见，随着波音 737NG 飞机和 787 飞机项目将 GPS 导航终端作为标准设备配备在航空器上，以及越来越多的 GPS 电子设备改装厂商的介入，GPS 航空工业的产值还将急剧增长，成为航空制造业新的亮眼增长点。

我国在推进卫星导航应用和建立北斗全球系统时，应该建立跨部门的国家级协调决策机制，要转变思路，讲究策略，为从被动的参与到游戏规则的主动制定、从卫星导航应用大国到产业强国的根本性转变做好准备，掌握主动权。民航正在实施的 GNSS

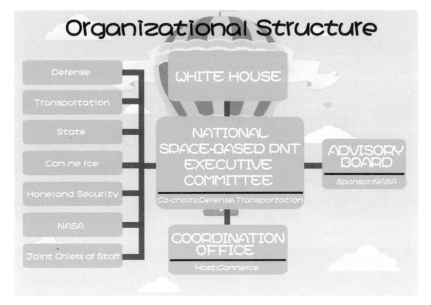

美国 PNT 系统组织结构

相关工作包括：技术试验和运行工程实施，GNSS 应用标准、GNSS 法律问题研究，TDA/JBIC 合作规划研究，WGS-84 坐标实施应用研究，PBN 和 GNSS 运行程序开发应用、其他政策和认证工作。

北斗系统与航空运输

当飞机在机场跑道着陆时，最基本的要求是确保飞机相互间的安全距离。利用卫星导航精确定位与测速的优势，可实时确定飞机的瞬时位置，有效减小飞机之间的安全距离，甚至在大雾天气情况下，可以实现自动盲降，极大提高飞行安全和机场运营效率。通过将北斗卫星导航系统与其他系统的有效结合，将为航空运输提供更多的安全保障。

中国民航目前已成为世界第二大航空运输主体。为满足这种快速增长的需要，中国民航正加紧推广新一代航空运输系统的规

我国民航客运量仅次于美国

划和实施工作。推进工作主要体现在两个方面：第一是建立和完善相关标准和法规，第二是加大民用航空器机载设备和地面保障设备升级更新，推广新技术和新设备的装备和使用。

由于中国经济发展的不平衡，目前中国民用航空运输业也存在发展不平衡的局面。在我国中东部区域，特别是北京、上海、广州三角航路区域，民航运输业发达，航路和空域紧张。但是在西部地区，特别是西藏、青海等地区，虽然民用航空需求较大，但存在机场海拔高、地形复杂、气象环境恶劣，而且地面台布设困难等因素，导致这些区域采用传统导航系统飞行运行困难，因此需要新技术和新设备来保障飞行运行安全。

国际民航组织（ICAO）在 2007 年 9 月第 36 届大会上，正式要求各缔约成员国：2009 年底前必须制定完成 PBN 实施规划；2016 年完成全部实施工作，以全球协调一致的方式从传统飞行模式过渡到 PBN 飞行模式。PBN 即"基于性能导航"概念，两个关键要素是区域导航（RNAV）和所需导航性能（RNP）概念。根据 ICAO《PERFORMANCE BASED NAVIGATION MANUAL》（Doc 9613）的定义，PBN 规定了 RNAV 系统在沿 ATS 航路、仪表进近程序和空域飞行时的性能要求。性能要求以在特定空域运行时所需要的精度、完好性、连续性、可用性和功能来定义。

中国民航局根据 ICAO 对 PBN 规划，专门成立了"中国民航 PBN 路线图"制定小组，计划于 2009 年 6 月向国际民航组织提交 PBN 实施规划。美国联邦航空局 FAA 于 2006 年 6 月已完成《Roadmap for Performance-Based Navigation》的制定工作，日本民用航空局 JCAB 于 2007 年完成《RNAV Roadmap》的制定工作。

中国民航对 PBN 规划，初步设想分为近期（2009～2012）、中期（2013～2016）和远期（2017～2025）三个阶段。迄今为止，我国在南中国海和西部地区划设了 RNP10 和 RNP4 标准的区域导航航路，在天津、北京、广州实施了 RNAV 飞行程序，在拉萨、林芝、九寨、丽江试验和实施了 RNP 飞行程序，特别是林芝机场，有效解决了传统地基导航台无法实现终端区导航的问题。

PBN 是国际民航组织在整合各国运行实践和运行标准的基础上提出的一种新型运行概念，代表了从基于传感器导航到基于性能导航的转变。它的应用和推广将是飞行运行方式的重大变革，对中国民航的飞行运行、机载设备、机场建设、导航设施布局和空域使用产生重大影响，对有效促进行业安全、提高飞行品质和减少地面设施投入具有积极作用。

为了加强我国自主导航系统的影响力，提升我国卫星导航服务整体水平，使北斗二代导航系统及未来的北斗三代系统能更好地满足我国民航 PBN 运行的需要，参考中国民航在使用其他卫星导航系统中积累的经验，建议北斗系统在建设中考虑以下几个方面的问题：

（1）加强研究单位和民航局之间的沟通和协调，民航局愿意与相关研究部门分享卫星导航的使用经验。

（2）借助"大飞机"研制计划，民航局可以为"北斗"卫星的研究工作提供相应的验证平台和试验环境。

（3）在建设中考虑民航运输业对卫星导航系统高性能的需求，分阶段逐步实现和完善相应的功能，使北斗系统定位精度、

尤其是垂直精度满足特殊机场 RNP 进近的需要，提高系统完好性、可用性和连续性。

（4）充分发挥北斗短报文通信功能，为其在民航的应用开辟新的途径和领域。

民航 GNSS 完好性问题

美国 2011 年 4 月 15 日发布《联邦无线导航计划》（FRP 2010），除了列举了民用航空等与"生命安全"相关行业的定位、定速、授时、定姿（PVTA）用户需求外，还详细规定了公路、货运、铁路等陆上交通、海事、测绘及授时等民用 PVTA 用户完好性等所需导航性能。将来民用 PVTA 用户也期待着更高的完好性性能。航空交通在全球大范围跨区域飞行，对安全性能的要求严格，针对 GNSS 航空应用 GNSS 完好性研究一直是完好性领域的先锋和排头兵。

航空导航需求

国际民航组织按照航空所需导航性能制定了各种飞行概念。传统航空导航全部依赖由地面导航设备逐个连接组成的航路导航，随着 GNSS 等导航设备加入及航空电子技术和机载设备不断发展更新，ICAO 提出区域导航（aRea NAVigation，RNAV）的方式，使飞行员能够选择从地面导航信号或者机载导航设备或两者的组合来自动确定航空器位置，以求达到机载导航设备性能逐步提高后，不再依赖于地面导航设备，实现任意两点直飞的目的。但对机载导航设备管理、审定和选择工作过于繁重，1994 年，ICAO 提出所需导航性能的概念，规定了各航路或空域内航空器必须具备的导航精度，以匹配相应空域能力，使空域得到有效利用。

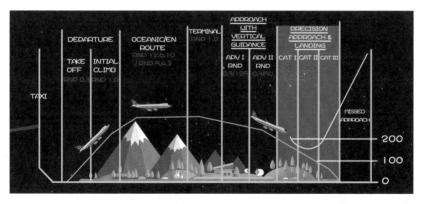

民航各空域航段所需导航性能

RNP 是一个精度的概念，但也包括 RNAV 没有规定的对机载设备监视和告警的性能要求。RNAV 和 RNP 并行存在，各自发展。ICAO 在整合各国 RNAV 和 RNP 运行实践和技术标准的基础上推出的一种新航行系统概念，也就是基于性能导航。PBN 是指在相应的导航基础设施条件下，航空器在指定的空域内或者沿航路、仪表飞行程序飞行时，对系统完好性、连续性、精度和可用性（ICAA）以及功能等方面提出的性能要求。PBN 运行主要依靠 GNSS，但考虑到运行稳定性，近期还将保留一些地基导航设施。这些设施在一定时期内与 GNSS 混合运行，同时也可在作为备份导航方式。

导航规范	95%定位精度 (NM)	应用	空域
RNP0.3	±0.3	精密RNAV(PRNAV)	终端区
RNP1	±1.0	允许使用灵活导航	机场终端到航路
RNP4	±4.0	导航台之间和空域间建立航路	大陆空域
RNP5	±5.0	BRNAV（基本区域导航）	欧洲空域
RNP10	±10	偏远缺少导航台的空域	远洋
RNP12.6	±12.6	缺少导航台空域的优化航路	（很少使用）
RNP20	±20	提高最低空运量的ATS	（很少使用）

各类 RNP 的类型、定位精度及应用

航空的空域阶段可划分为：越洋航路/边远区（En-Route Oceanic）、本土航路（En-Route Continental）、终端区（Terminal）、非精密进近（Non Precision Approach，NPA）或离场、II 类垂直引导进近（APproach with Vertical guidance，APV，分 APV-I 和 APV-II）、III 类精密进近（Precision Approach，PA，分 CAT-I、CAT-II、CAT-III），ICAO 导航系统专家组（NSP）对各空域对精度、完好性、连续性及可用性有不同的需求如图所示。

Operation	Accuracy(95%)		Alert Limit		Integrity Level	Time to Alert	Continuity	Availability
	Horizontal	Vertical	Horizontal	Vertical				
En-Route	3.7km (2.0NM)		3.7km (2.0NM)			5min		
Terminal	0.74km (0.4NM)	N/A	1.85km (1NM)	N/A	10e-7/hr.	15s	10e-4~ 10e-8/h	
NPA	220m (720ft)		220m (720ft)			10s		0.99~ 0.99999
APV-I		20m (66ft)		50m (164ft)	(1~2) *10e-7 approach		(1~8)* 10e-6/15s	
APV-II	16.0m (52ft)	8m (26ft)	40m (130ft)	20m (66ft)		6s		
CAT-I		6~4m (20~13ft)		15~10m (50~33ft)				

民用航空对 GNSS 的导航性能要求

图中所列航空精密进近的 HAL 都是 40 m，VAL 从 10～50 m 不等。

GNSS 接收机自主完好性监测（RAIM）

RAIM（Receiver Autonomous Integrity Monitoring）即接收机自主完好性监控，它根据用户接收机的冗余观测值监测用户定位结果的完好性，其目的是在导航过程中检测出发生故障的卫星，并保障导航定位精度。这其中又涉及什么是完好性的问题，根据航空无线电委员会（RTCA）的定义："完好性，就是在系统无法用于导航时，系统能够及时给用户提供报警的能力。"

完好性问题通常是由定位卫星本身或主控站的原因引起的，

此外成因还包括信号发射功率异常、射频信号干扰、信号衰减、伪码信号失真（畸变）、载波和伪码相位一致性滑变、卫星钟漂、导航数据错误、单粒子强烈、照射比特翻转等等空间因素。GPS选择可用性（SA）取消之后，卫星时钟异常已经成为 GPS 完好性问题最主要的来源。

RAIM 技术的应用

RAIM 算法对于安全性有严格要求的应用非常重要，如民航、航空之类。将 GNSS 应用于民用航空导航，飞行安全是最为关键的，因此 GNSS 完好性保证能力是航空用户最为关注的性能需求。近年来，RAIM 技术在航空领域的应用也一直是热点。

完好性要求当导航系统超过规定的监测门限值时，系统能够及时有效地为用户提供告警。必须指出的是，虽然 RAIM 技术最初是针对航空用户提出的，但随着接收机技术的发展和用户需求的提高，目前一般的接收机技术都需要具备 RAIM 功能。

RAIM 的理论基础

GNSS 自主完好性检测是以测量值的一致性为基础的，也就是说，RAIM 是用超定解对卫星进行一致性校验的技术。RAIM 的理论基础是粗差的探测和分离理论，它需要解决的两个问题是："卫星是否存在故障（FD）"和"故障存在于那颗卫星（FE）"。

为了检测到在给定的飞行模式下是否存在不可接受的大的位置误差，RAIM 的 FD 算法至少需要 5 颗可见卫星。如果检测到了故障，飞行员在驾驶座舱中就能够收到一个告警标志，指示GNSS 不能应用于导航，不过此时尚不能确定故障卫星是哪一颗。

当接收机可见卫星大于等于 6 颗时，就可以根据伪距残差判断出当前哪一颗卫星不可用。故障排除相当于已知星座中有故障，排查故障存在于哪颗卫星的可能性最大，这就类似于先验概率中的贝叶斯模型。

RAIM 的优越性

目前提高完好性的技术可分为两大类：外部增强方式和内部增强方式。

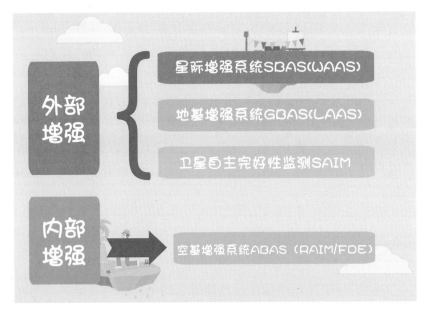

GNSS 完好性技术分类

例如，Galileo 系统的完好性采用地面完好性通道（GIC）来监测的技术就属于外部增强方式。外部方式无法检测接收机端的故障，其作用范围会受布站和工作方式的限制，并且有一定的时延，系统无法保证对卫星故障的反应时间，那么卫星故障的快速监测只有在用户端进行，因而要求接收机能够"自主"完好性监测。另外，RAIM 方式无需外部配套设施，投资小，应用方便灵活。

RAIM 算法分类

RAIM 算法也存在不同的分类标准：与 Snapshot algorithm 相对的是 Sequential algorithm；与 Conventional algorithm 相对的是 Advanced algorithm；与单故障识别算法相对的是多故障识别算法。最基本的三种算法是：伪距比较法（Range Comparison Method）、最小二乘残差法（Least Squares Residual Method，LSR）和奇偶矢量法（Parity Method）。

近些年来，国内外比较流行的是组合（或辅助）算法：卡尔曼滤波算法、气压高度表辅助算法、时钟改进模型辅助算法、GPS/Galileo/GLONASS 组合 RAIM 算法等。

GNSS 完好性算法分类

完好性指标

完好性指标一般包括水平保护级别（HPL）、垂直保护级别（VPL）、近似径向误差保护（ARP）、水平告警限（HAL）、垂直告警限（VAL）、虚警概率（PFA）和漏检概率（PMD）。分别介绍如下：

（1）水平保护级别是一个圆的半径，该圆的圆心位于飞机的真实位置，并确保其包含了在给定虚警概率和漏检概率下所指示的水平位置，这个级别规定了对于指定的虚警和漏检概率来说能检测出的最小水平径向位置误差。

（2）垂直保护级别是垂直坐标轴上的一段距离，其真实位置在中点，它包含了在给定虚警概率和漏检概率下所指示的垂直位置，这个级别规定了对于指定的虚警和漏检概率来说能检测出的最小垂直方向位置误差。

（3）近似径向误差保护常作为几何分布可用性的衡量指标，它只与 GDOP 和检测门限值有关，与 HPL 很类似。

（4）水平和垂直报警限值实际是测量噪声的临界标准偏差，它是指当用户的定位误差超过系统规定的某一限值时，系统向用户发出警报，这一限值称为系统的报警限值。

（5）虚警概率又叫危险误导信息概率，它表示系统不存在故障卫星且设备工作正常的情况下，所允许引发的完好性告警率。

（6）漏检概率又叫完好性级别或允许的完好性风险，它是指示警能力以内的用户定位误差超过报警限值和规定的示警耗时，系统没有发出警报的概率。

先进 RAIM（ARAIM）理论

ARAIM（Advanced RAIM）是传统 RAIM 的扩展，这种扩展主要依靠多频（L1/L5）和多星座。两者都是基于冗余卫星观测量的一致性比较，可区别又十分明显。受星座布局的影响，GPS 的垂直精度必然不及水平精度，传统 RAIM 仅支持 Lateral Navigation（LNAV），而 ARAIM 还支持飞机在约 60 m 以下精密进近中的垂直导航（LPV-200）；传统 RAIM 只需检测到 200 m 的侧向（横向）误差，但 ARAIM 必须保证垂直误差保护级别不超出 35 m 的垂直误差告警限；LNAV 的 Pr{HMI} 限定级别是 10^{-7}/hr，而 LPV-200 相应的危险误导信息概率限定级别是 10^{-7}/approach。所以 ARAIM 的完好性指标更严格，其设计和认证必须考虑发生可能性小得多的危险隐患。

GPS 完好性要求导航系统在出现异常时，必须向飞行员及时发出告警，而连续性又要求某个运行操作一旦开始，导航系统必须在该运行操作实施期间，连续提供达到所要求水平的服务。在水平位置误差超过水平保护级别或者垂直位置误差超过垂直保护级别，并且持续时间超过告警时间的情况下，就会出现危险误导信息。目前用 Pr{HMI}（probability of hazardously misleading information）表示对完好性产生威胁的错误信息发生的概率，它在实际应用中对应于完好性监测的漏检率。在 ARAIM 算法中，VPL 的高低很大程度上取决于 Pr{HMI}，故可以通过优化配置 Pr{HMI} 各分量的分布，尽可能地降低 VPL。有研究已经从理论上证明了 ARAIM 算法相比其他 RAIM 算法降低 VPL 的原因。

美国联邦航空管理局在 2006 年 10 月正式宣布要在 2020 年～2025 年间，利用 GPS 为民航飞机提供全球性的 LPV-200 级别的服务。LPV-200 在民航进场阶段的位置如图所示。

根据国际民用航空组织标准，LPV-200 的指标要求如下：

（1）危险误导信息概率不超过 10^{-7}/approach。

（2）总的虚警概率不超过 4×10^{-6}/s。

（3）垂直告警限不超过 35 m。

（4）告警时间不超过 6 s。

用户测距精度（URA）是对所有由 GPS 地面监控部分和空间星座部分引起的测距误差大小的一个统计值，可用来评估

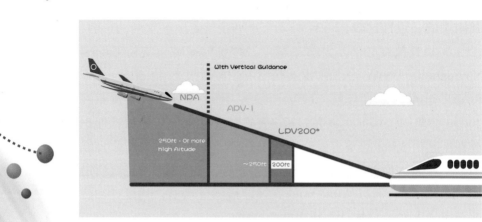

民航进近示意图

RAIM 算法的完好性，在 ARAIM 算法中通常将其选为 0.50 m。

用户测距误差（URE）代表卫星信号在空间的误差估计，可用来评估精度和连续性，在 ARAIM 算法中通常将其选为 0.25 m。

与之相对应的是，ARAIM 算法定义了两个级别的距离测量偏差——标称值和最大值。标称值用来评估精度和连续性，通常选为 0.10 m；最大值用来评估完好性，通常选为 0.75 m。

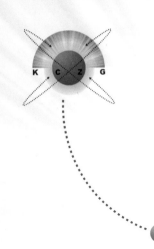

北斗对我国经济和
国防的重要意义

当前，我国北斗系统正面临三重转折带来的挑战：一是北斗自身面临从区域服务向全球化服务进发的重大发展转折，需要"快速做大做强"，应对全球竞争的压力和解决卫星导航自身的系统脆弱性难题，避免被边缘化；二是北斗技术发展面临与其他 GNSS 系统的兼容互操作，以及与其他信息技术相融合的重大发展转折，将直接面对时间与空间、天基与地基、室内外泛在智能融合导航的发展大趋势；三是北斗作为战略新兴产业正面临我国产业结构和经济增长方式转型等社会重大发展转折，需要发挥北斗时空高端引领和核心主线作用，引领和带动智能信息产业全面发展。

在面对 GPS 和 Galileo 带来的强大竞争压力下，我们在这里提出关于北斗系统升级跨越发展的建议，并且结合《"十三五"科技军民融合发展专项规划》创造性地提出建设时空服务军民融合创新体系；同时又结合"一带一路"倡议，构思如何把北斗打造成"一带一路"倡议中的一张"中国名片"。

GPS 现代化进程给我们以启迪

民用领域的影响

从 GPS 未来的发展规划中可看出，GPS 现代化进程致力于提高系统的测量精度及民用的可用性，这些举措将使 GPS 对民用用户具备更大的技术诱惑，表现在选择可用性关闭后，标准位置服务（SPS）用户单机定位精度可达到以往差分系统的精度，降低了在诸如车辆定位等方面应用的系统复杂度；在 GPS 增加民用频率及实施精度增强计划后，使用载波相位差分模式作业的用户如大地测量、高精度动态测量等，可缩短初始化时间，大大提高工作效率，以往 3～4 小时的作业过程有可能在半小时内完成；在正常情况下，GPS 民用码的可用性、可靠性得以提高。

GPS 的现代化进程有可能带动其技术发展及应用高峰的来

到。在 GPS 现代化计划完成后，GPS 影响 SPS 用户精度的主要因素将是接收机部分，即多径误差和接收机噪声，相信接收机制造厂商将致力于这部分技术的提高。

军用领域的影响

在局部战争条件下，GPS 用户的可用性将受到一定影响。按照 GPS 现代化计划进程，新一代的 GPS III 系统应具备控制局部或全部民用信号的能力。GPS 军事用途有两方面的含义：一是如何将 GPS 资源应用于军事用途；二是如何防止在战争期间敌方使用 GPS 资源对我方实施攻击。在 GPS 现代化计划中对这一点有许多考虑，其宗旨可归纳为三点：① 保护在战区中的军事应用；② 阻止敌方应用；③ 维持在战区外的民间应用。GPS 现代化计划中的一系列的措施都是围绕这三点开展的，该计划实施完毕后，我方使用 GPS 资源将存在一些问题：将民用信号应用于军用的可靠性及可用性近似于零。最初精密定位服务（PPS）用户对 P 码的捕获解调须首先实现 C/A 码的捕获，但近几年发展的 P 码快捕技术使得 P 码接收机不须依赖 C/A 码的存在。因此，从技术角度上美国可以关闭阻断特定区域所有民用信号，防止敌方将 C/A 码应用于军事用途。其次，对敌实施干扰将非常困难的军用信号，包括 P 码、Y 码、M_E 信号具备多种加密手段，且具备在特定区域内增强信号功率的能力，使得对敌干扰将十分困难且容易暴露。

我国为什么要自建北斗系统

根据国家中长期科学和技术发展纲要，建设我国自主的北斗导航系统将作为国家 16 个重大专项之一，国家投入数百亿元巨资，以期实现 2020 年北斗信号覆盖全球的目标。

我国过去一直使用美国 GPS 系统提供的服务，这套系统可以

无间断地为全世界提供民用导航信号，并默许免收使用费。数据显示，国内的导航市场中，GPS 产品曾经占有过我国 95% 以上的市场份额。而之所以必须建设自主的导航系统，是因为：

1. 维护国家信息安全的需要

根据解放军理工大学通信工程学院天基信息教研中心主任李广侠的解释，过度依赖美国 GPS 系统将威胁国家信息安全。

卫星导航作为军民双重属性的重大基础设施，对国家经济安全、国防军事以及国际地位等重大战略利益都具有重大而广泛的影响，一旦出现紧急情况或重大利益冲突，无论国防军事还是经济社会安全都将受到制约，甚至胁迫。

目前在电力、金融证券和移动通信等重要领域，都已经开始采用北斗 /GNSS 兼容的授时系统。这些系统非常庞大，对时间同步和时间精度的要求越来越高，因此"授时"服务不可或缺，一旦无法获得统一的时间将导致系统工作混乱甚至瘫痪。从安全角度考虑，采用自主可控的北斗 /GNSS 兼容服务更为安全、合理、可行。

此外交通运输、人员等或因无法获得准确的定位服务，而无法满足出行需求。同时大批军队集结部署也会出现问题。

2. 应对重大自然灾害的保障

在遭受地震等重大灾害发生后，有线通信系统都可能失去功能，但是卫星系统不会受到影响。可以对发生灾害的地点进行精确定位，并为救援人员提供导航服务。

卫星导航系统还可以有效提供灾难预警。例如北京正在实施的"北京市地质灾害监测预警示范工程"项目。该项目引入北斗卫星导航定位、GIS 地理信息系统等技术，以 GPRS、3G 网络、电台、卫星为通信手段，融合多种地质灾害监测传感器，经过技术模型分析后，实现现场地质信息监测与获取、地质灾害数据管理与集成、地质灾害预测与防治决策，可广泛应用于滑坡、崩塌、泥石流、地裂缝、地面塌陷、地面沉降等地质灾害的监测预警。

3. 经济效益显著

围绕卫星导航可形成规模巨大的产业体系，根据国家测绘地理信息局测绘发展研究中心和社会科学文献出版社发布的2011年测绘地理信息蓝皮书《中国地理信息产业发展报告（2011）》，我国卫星导航产业已经进入高速发展时期，2015年产值超过2 250亿元，成为国民经济重要的新增长点。

卫星导航服务应用领域非常广泛，不仅可以满足国内需要，还可以走出国门。实现亚太地区的信号覆盖后，北斗导航可以为东盟国家提供服务。在铁路、公路、水利、河运、航运、物流、位置服务等领域发挥重要作用，助力东盟经济增长。

如果北斗卫星全面建成，我国将成为少数拥有自主卫星导航服务的国家之一，国家综合实力会有进一步的增强。

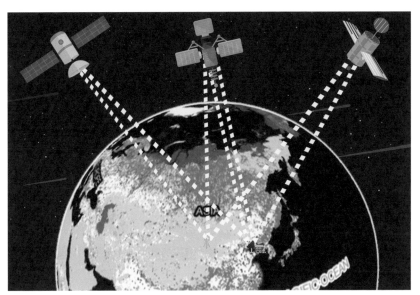

电子标识编号：CA3300000006067046900008　　　　国家测绘地理信息局　监制

北斗系统是我国综合国力的体现

我国北斗系统的"三步走"战略

多年来，我国政府高度重视并积极推动卫星导航产业发展，从国家层面对卫星导航产业长期发展进行了总体部署。实质上，

中国卫星导航系统的建设始于20世纪70年代，21世纪初逐步形成了三步走的发展战略：

第一步，在2000年底，建成北斗一号系统，向中国提供服务；

第二步，在2012年底，建成北斗二号系统，向亚太地区提供服务；

第三步，在2020年前后，计划建成北斗全球系统，向全球提供服务。

据国务院新闻办介绍，北斗系统是中国着眼于国家安全和经济社会发展需要，自主建设、独立运行的卫星导航系统，是为全球用户提供全天候、全天时、高精度的定位、导航和授时服务的国家重要空间基础设施。

在建设与运行方面，北斗系统创造性地提出"先区域、后全球，先有源、后无源"的建设思路，实施"三步走"发展战略，用较短的时间形成覆盖亚太地区的区域服务能力，建立起自主的高精度时空基准。形成了独具特色的技术体制，国际首创由地球静止轨道、倾斜地球同步轨道、中圆地球轨道三种轨道卫星构建的混合星座，国际首创短报文通信特色服务等。目前全球组网的核心关键技术全部攻克，系统服务能力进一步提升，可为境内用户提供米级、分米级实时定位服务。

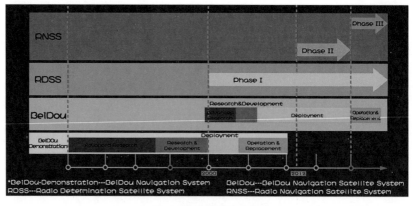

北斗系统建设线路图

北斗对我国经济安全的意义

北斗导航卫星定位系统对我国经济建设的作用可归结为以下几点：

1. 北斗导航卫星定位系统促进现代交通运输体系的完善

交通运输是国民经济、社会发展和人民生产生活的命脉，先进的卫星导航技术应用是实现交通运输信息化和现代化的重要手段，对建立畅通、高效、安全、绿色的现代交通运输体系具有十分重要的意义。随着北斗卫星导航系统的研制建设，交通运输行业开展了"新疆公众交通卫星监控系统"、"船舶监控系统"、"公路基础设施安全监控系统"等一系列北斗系统应用推广工作，取得了良好效果，促进了现代交通运输的体系的完善。

2. 北斗导航卫星定位系统促进了农业的发展

随着卫星导航技术的发展，使得农业生产方式由传统粗放式耕作转为精细管理成为可能。通过将卫星导航和地理信息相结合并应用于农业生产，可有效提高农业产量、降低成本、保护环境。北斗卫星导航系统的定位服务，可有效支持现代精细农业生产方式，充分利用农业资源，保护生态环境，产生显著的经济效益和环境效益。

3. 北斗系统促进煤矿安全生产

北斗卫星定位通信技术与井下检测技术相结合，实现对井下瓦斯浓度、风机转停等关键参数实时监测，数据流从矿井口的监测站（PC机＋北斗用户机）通过北斗系统传送到运营服务平台，同各国有线或无线网络传到各级检测中心，实现对矿井瓦斯、风压和设备工作状态等数据的远程监测，为我国煤矿安全生产提供一种有效地监测监控手段。

4. 北斗系统加强了对海洋环境的检测

为了保障我国海洋环境监测数据的安全、稳定和可靠通信，国家海洋中心依托大浮标监测平台，开展了海洋环境监测北斗

应用技术研究，研制了北斗通信通用控制模块，实现了基于北斗系统的数据长报文压缩、加密、传输等数据传输通信控制技术，为北斗系统在海洋监测领域的应用和业务化打下基础。这必将有利于防止海洋灾害、管理海洋渔业、便于海洋搜救、监测潮汐数据等。

5. 北斗系统可有效提供精密授时，推动社会稳定发展

精确的时间同步对于涉及国家经济社会安全的诸多关键基础设施至关重要，通信系统、电力系统、金融系统的有效运行都依赖于高精度时间同步。在移动通信中需要精密授时以确保基站的同步运行，电力网为有效传输和分配电力，对时间和频率提出了严格的要求。北斗卫星导航系统的授时服务可有效应用于通信、电力和金融系统，确保系统安全稳定运行。

6. 北斗系统提供个人位置服务，方便人们生活

当你进入不熟悉的地方时，你可以使用装有北斗卫星导航接收芯片的手机或车载卫星导航装置找到你要走的路线。你可以向当地服务提供商发送文字信息告知你的要求，如查询最近的停车位、餐厅、旅馆或其他你想去的任何地方，服务商会立即根据你所在的位置，帮你找到需要的信息。然后，将信息发送到你的手机上，甚至还会为你提供酒店房间、餐厅或停车位预定等增值服务。

除上述几个方面之外，北斗系统还可以在森林防灾防火、航空和铁路运输、应急救援等诸多经济生活方面给人民生活带来便利、促进国家经济建设，推动社会发展。

北斗时空服务

现阶段和今后相当长一段时间（至少到 2030 年），北斗导航和军民融合均面临重大的挑战和机遇，而两者的直接对接，这种战略性时代性的结合，不仅大大减轻了各自的挑战，而且大大增强了共同的机遇。北斗导航可以突破其升级跨越的瓶颈

找到了军民融合这样的归宿和依托，找到一个最佳时机和一条康庄大道。军民融合破解了最佳切入点和试验田的难题，找到了北斗时空服务这样的抓手和牛鼻子，在整体上为军民融合发展战略铺平道路。

北斗导航正向中国时空升级跨越发展，与军民融合战略的直接对接，不仅仅如化学反应中加上催化剂一样，极度加速了反应进程，甚至能够形成核聚变那样的连锁效应，而且还将历史性地解决了中国在信息化社会进化里程中面临的一系列重大难题，它们所催生的中国时空服务及其体系，将成为新一代信息技术集群和宏大的智能信息产业发展的核心主线和领头羊，也必将成为高端引领、带动军民融合快速发展的典型范例和杰出代表。把泛在、智能、绿色作为指向标，实现市场与使命双轮驱动，供需良性对接，军民用融合，上中下贯通，近中远兼顾，实现投入最小化、效益最大化，逐步改变运动式、工程化的实施部署模式，促进协调创新、开放共享、均衡发展，促进科技、经济、社会的高效能可持续发展，进入以人为本、人人服务、服务人人的新常态。

北斗军民融合的需求

军民融合战略是国家最高层的思想创新和思维决策方法的转变，是国家长治久安的大政方针，其融合的概念代表着一种时代精神，"创新驱动发展，融合引领跨越、服务分享惠（军）民"。从当前和长远发展而言，目前能进入军民融合法眼的自主可控的国家重大科技支撑系统行列的，首先只有北斗系统能够数得上，因为它已经进入国际先进行列，它所提供的时空信息能够服务于国计民生的方方面面，它所奠基、创造和追求的泛在实时、精准确保的中国时空服务前景，将更加宏伟、更加远大、更加辉煌，会成为中国梦的重大组成部分，能够真正让中华民族矗立于世界民族之林，成为全球时空服务的先行者、领军者。

北斗是天生的军民两用系统，它理所当然地应该成为军民融合的典型范例和试验田。鉴于北斗所提供的时间空间信息，具有能够服务全中国全世界全人类的属性，它必然成为中国时空服务体系的发展基础。同时，鉴于北斗及其所代表的全球卫星导航系统（GNSS）容易受到物理遮挡和电磁干扰等影响，需要实现与其他系统和技术的集成融合，特别是与通信、惯导、视觉导航等融合，才能使得定位、导航和授时从室外走进室内，从局部走向全空间全时段，真正做到无所不在的泛在中国时空服务。这种北斗导航向中国时空服务的升级跨越发展，正是军民融合发展的重大使命，也是从今以后数十年要为之奋斗的重大目标任务。

北斗时空服务军民融合创新体系的大目标

北斗时空服务军民融合创新体系建立的愿景是：实现中国服务全球领先。其战略目标是实现体系最优化，效益最大化，促进资源整合、数据共享、智能服务、泛在实时，精准确保，以增量调动巨大的存量，为大多数人服务，群策群力，众包众筹，共商共建，共享共赢。其两步走规划是：第一步（2017—2022 年）是从北斗导航升级为北斗时空军民融合创新体系，做好北斗产业发展的信息基础设施、共享服务平台和系统解决方案三件大事；第二步（2023—2030 年）是从北斗时空跨越为中国新时空服务体系，推进中国服务 2030 行动计划，促进中国强国复兴梦的实现。

军民融合是国家最顶级的战略，而北斗系统是现阶段和今后相当长一段时间内，行之有效的、具有全球影响力的国家级军民两用系统工程，是保障国家整体安全的自主可控命脉系统，而北斗军民融合工程是北斗产业升级跨越发展的极好良机，以北斗提供的时空信息技术为基础，推进我国新一代信息技术全面大融合大提高，推进智能信息产业全方位多层次的大发展大跨越，为富国强军更上一层楼，为国防现代化、保障打赢信息化时代条件下的智能时空体系化战争奠定扎实基础，为国家信息资源整体整合、有机融合、引领跨越发展，打造无所不在的新时空体系和中国服务的国家品牌，引领世界时空服务发展潮流奠定扎实基础。

为什么现在北斗导航作为切入点，而打造的又是北斗时空，或者确切地说是中国时空服务体系？当今世界，具有实力的大国，都在搞自己的卫星导航系统，原因两个：一是因为它是国际科技集群创新的制高点和领头羊；二是它与国计民生紧密相关，成为生产、生活、生态发展方式。而北斗系统已经成为四大全球卫星导航系统之一，业已提供区域服务，2020 年将提供全球服务。北斗系统本身就是军民两用系统，而且已经具有强大扎实的全球化基础，最为关键的是北斗导航所提供的时空信息，所代表的是信息社会最有价值的信息之主体，占有信息总量的70%～80% 都与它们有关，而最最重要的是时间空间信息的一体化提供是智能信息社会的智能的根本要素，这就是说，时空就是打开智能化宝库的钥匙，是不可或缺的工具和手段。由此可见，时空参量的泛在提供，是北斗导航实现向北斗时空，或者说是向中国时空的升级跨越，是必然的发展大趋势，实际上，信息社会的终极目标是向"人人服务，服务人人"进发，所以北斗军民融合的大目标，就是建设完善中国时空服务创新体系。

北斗成为我国"一带一路"的一张名片

事实上，北斗系统成为"国家名片"的说法并不新鲜。早在2012 年前后，北斗系统刚完成覆盖亚太地区之时，就有不少航天界的专家和部分媒体北斗系统为"国家名片"。但从现实来看，同是代表"中国创造"的高科技，北斗系统和高铁依然存在很大的差距：高铁在国内有较高的覆盖率和品牌影响力，在国内几乎

无竞争对手，同时在国际上已名声大振；而北斗系统的覆盖率和品牌影响力则相对小很多，国内大量市场仍被竞争对手GPS系统占据，更遑论海外市场的角逐。

北斗系统的市场表现，为什么现在还逊色于高铁？从时间上看，北斗系统技术成熟在后，需要成长的过程；而从推广方式上看，高铁显然更适合中国官方的经济发展需求——以交通为主的基础设施建设能拉动地方的投资当量，而四通八达的高速交通网络同时又能大幅吸引人流、物流、资金流，从而推动一地经济的转型升级。相比之下，导航定位系统的推广，尤其是在大众消费市场的推广，并不能完全靠行政方式实现，它更多需要市场潜移默化的认可。

在走向"一带一路"之后，高铁和北斗系统的这种差异体现更甚。一般而言，高铁作为一种基础设施，更多的是中国企业承接外国政府的订单，更多依靠政府之间的谈判，而"一带一路"倡议又是国家发起的区域合作倡议。而北斗系统要走向世界，除了政府间谈判之后，更多需要具体企业之间的合作，需要说服当地市场接受使用北斗。

很显然，北斗系统需要创新另外一种"走出去"的方式，这种方式可以说是"中国服务"。在"一带一路"沿线国家乃至海外，GPS系统虽然占据大片市场，但同时也帮着后来的北斗系统、俄罗斯GLONASS系统等培育了市场，消费者乃至行业级的用户对位置服务已经有所了解。北斗系统要在海外市场分得一杯羹，就必须有自己的优势。

在谈及与GPS系统差异化竞争时，国内北斗产业不少人强调"性价比"优势。不过，性价比不仅要强调国内做的北斗芯片、北斗终端比GPS系统的便宜，更要强调性能的优越。而从性能上看，北斗系统目前虽然不能全面赶超GPS系统，但在特定领域已经显示出更优越的性能。比如，业内公认的，在低纬度地区北斗系统的定位效果比GPS系统要好，而低纬度地区覆盖的东南亚、南亚正好是"一带一路"沿线国家。再比如，北斗系统独有的短报文功能，能接收手持设备的电报，这使得空地通信成为可能，有助于开拓新的市场。

依托更好的性能，中国北斗系统"走出去"可以采取"兼容"策略。这一策略也是国家规划文件中强调的，但目前仍需要国内北斗企业的实践智慧。"兼容"可分为两个层次：其一，在已经成熟的智能手机市场、车载导航市场，北斗系统与GPS系统竞争，宜放弃"有你没我"的思维，转而生产兼容多个导航系统的芯片和终端设备，让消费者获得更好的位置服务体验；其二，和更多产业相融合，将北斗系统应用到煤气管道等市政设施，运用到海洋作业、应急救援等新的领域去。

基于前述两个层次的"兼容"策略，北斗系统、北斗企业不妨考虑搭中国企业"走出去"的便车。比如，华为手机的出货量已跃居全球第三，其不少手机型号已经兼容北斗系统。国内的北斗芯片不妨和更多国产手机品牌开展合作，优化海外导航服务，培养更多北斗系统的"国际粉丝"。车载导航领域也可以搭汽车产业走出去的便车，挖掘前装市场，同时开拓后装市场。

而随着"一带一路"倡议的广泛传播，将有更多的产业需要用到"位置服务"。比如中欧、中亚国际班列的监测调度，可以内置用北斗系统；而远赴海外的重工机械也可以内置北斗系统，

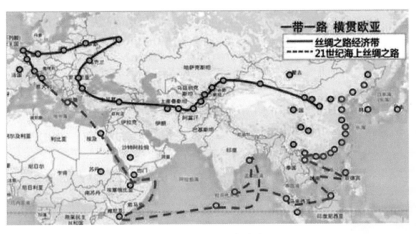

"一带一路"战略路线

我国有实施"一带一路"战略的历史基础

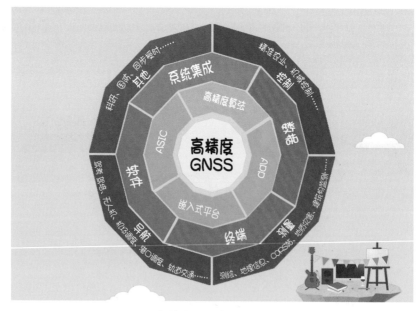

高精度 GNSS 生态圈

挖掘机的定位数据有助于企业判断一国市场的热度；而中国企业制造的无人机，同样可以用北斗系统的监测避免"黑飞"的问题。这一个个具体的运用场景，都需要企业踏踏实实走出来。

可以说，北斗系统晋升"国家名片"的机遇，在于"一带一路"倡议带来的巨大市场；而北斗系统晋升"国家名片"的挑战则在于，中国的技术是否能够更多吸取市场化的精华，形成海外市场欢迎的"中国服务"。

（因寻找未果，请本书中相关图片的著作权人见此信息与我们联系，电话 021-66613542）

参 考 文 献

［1］ 曹冲 . 卫星导航常用知识问答 . 北京：电子工业出版社，2010.

［2］ May-Britt Moser，Edvard I. Moser. 大脑 GPS：寻路神经系统如何导航 .Scientific American.

［3］ 陈义，程言 . 天文导航的发展历史、现状及前景 .2006.

［4］ 马岩 . 英伦上空的导航波束之战 . 兵器知识，2015 年第 2 期 .

［5］ 中国卫星导航管理办公室.北斗导航系统——用户接口文档（V2.0).2013.

［6］ 曹冲，陈勘，李东航 . 北斗伴我行天下 . 北京：中国宇航出版社，2011.

［7］ 张丽颖 .GPS 在环境监测与监察中的应用 . 测绘网（http://www. cehuiwang.com）.

［8］ 李鹏 . 论有中国特色的环境保护 . 北京：中国环境科学出版社，1992.

［9］ 黎刚 . 环境监测遥感技术进展 . 环境监测管理与技术，2007，19（1）.

［10］ 赵起越，白俊松 . 国内外环境应急监测技术现状及发展 . 安全与环境工程，2006，13（3）.

［11］ Misra P，Enge P. 罗鸣，曹冲，肖雄兵，译 . 全球定位系统——信号、测量与性能（第二版）［M］.北京：电子工业出版社，2008.

［12］ 谢钢 .GPS 原理与接收机设计［M］.北京：电子工业出版社，2009.

［13］ 卢德兼 . 多星座全球导航卫星系统完整性分析［J］.计算机工程，2010，36（11）.

［14］ 付毅飞 . 北斗导航系统正式提供亚太区域服务 . 科技日报，2012 年 12 月 28 日 .

［15］ 中国电子信息产业发展研究院 .2013—2014 年中国北斗导航产业发展蓝皮书 . 北京：人民出版社，2014.

［16］ 何奇松 . 国际太空活动的地缘政治 . 现代国际关系，2008 年第 10 期 .

［17］ 朱锋 . 弹道导弹防御计划与国际安全 . 上海：上海人民出版社，2001.

［18］ 阎学通 . 美国霸权与中国安全 . 天津：天津人民出版社，2000.

［19］ 杨鑫林 . 北斗导航走出国门，行业迎来新机遇 . 证券时报，2013 年 5 月 24 日 .

［20］ 杨剑 . 伽利略与 GPS 竞争案和我北斗系统参与商用竞争 . 国际展望，2012 年第 4 期 .

［21］ 中国电子信息产业发展研究院 .2013—2014 年中国北斗导航产业发展蓝皮书 . 北京：人民出版社，2014.

［22］ 郭善琪 . 北斗国际化战略探讨 . 导航天地，2011 年第 4 期 .

［23］ 刘晓敏 . 北斗导航应用产业近年发展现状 . 国际太空，2014 年第 4 期 .

［24］ 杨元喜等 . 中国北斗卫星导航系统对全球 PNT 用户的贡献 . 科学通报，2011 年第 21 期 .

［25］ 朱筱虹，李喜来，杨元喜 . 从国际卫星导航系统发展谈加速中国北斗卫星导航系统建设 . 测绘通报，2011 年第 8 期 .

［26］ 夏冰 . 全球卫星通信发展现状及趋势，卫星与网络，2014 年第 4 期 .

［27］ 孙家栋 . 加快北斗卫星导航系统产业发展 . 中国科技投资，2012 年第 23 期 .

［28］ 欧洲卫星导航管理局（GSA）.GNSS 用户技术报告（第 1 版），2016.

［29］ 欧洲卫星导航管理局（GSA）.GNSS 市场报告（第 5 版），2017.

［30］ 美国天基 PNT 委员会 . 美国 GNSS 产业报告，2016.

［31］ QY-research. 全球 GNSS 芯片市场研究报告，2017.

［32］ QY-research. 亚太地区 GNSS 芯片市场研究报告，2017.

［33］ 上海国际汽车城 . 国家智能网联汽车（上海）试点示范区发展报告，2017.

［34］ 欧洲咨询公司 . 天基对地观测至 2025 年市场预测，2017.

［35］ QY-research. 全球 GNSS 芯片专业测绘领域研究报告，2017.

［36］ 曹冲 . 北斗时空服务军民融合创新体系之研究 . 上海北斗导航创新研究院，2017.

［37］ 曹冲 . 北斗系统和国家导航位置服务体系发展前景 . 卫星与网络，2012（10）：36-37.

［38］ 曹冲 . 北斗与 GNSS 系统概论 . 电子工业出版社，2016.

［39］ 曹冲，李冬航，陈勖 . "北斗"产业化新兴智能信息产业研究与 . 国际太空，2012（4）：12-18.

［40］ 曹冲 . 北斗产业发展现状及其前景研究 . 卫星应用，2014（2）：49-51.

［41］ 李冬航，姬晨，董力伟 . 我国卫星导航与位置服务产业发展现状与思考 . 导航定位学报，2013，1（3）：6-10.

［42］ 陈锐志，陈亮 . 基于智能手机的室内定位技术的发展现状和挑战 . 测绘学报，2017（10）.

［43］ 杨元喜，李晓燕 . 微 PNT 与综合 PNT. 测绘学报，2017（10）.

［44］ 中国卫星导航管理办公室 . 中国卫星导航系统白皮书，2016.